ChatGPT
与数字图像处理

赵玉良　杨　乐　编著

化学工业出版社
·北京·

内容简介

《ChatGPT与数字图像处理》是一本系统性、实践性与创新性相结合的专业书籍，全面探讨了数字图像处理领域的基础知识、核心算法及其与ChatGPT技术的深度融合。本书从数字图像处理的基本概念出发，逐步深入，覆盖了图像读取与存储、几何变换、图像分割、特征提取等经典内容，并结合实际案例，探索了在特定场景中如何运用图像处理技术解决问题，如车牌识别、路面裂缝检测、焊缝识别等。

本书结构清晰、理论与实践兼顾，适合计算机视觉、人工智能以及相关领域的从业者、研究人员和高校师生参考阅读。无论是想深入了解数字图像处理技术，还是探索ChatGPT在该领域的创新应用，读者都能从本书中获得启发与实践指导。

图书在版编目（CIP）数据

ChatGPT 与数字图像处理 / 赵玉良，杨乐编著 .
北京 ： 化学工业出版社， 2025. 10. -- ISBN 978-7-122-48938-8

Ⅰ. TN911.73

中国国家版本馆 CIP 数据核字第 2025Y91U97 号

责任编辑：王　烨　　　　文字编辑：蔡晓雅
责任校对：李　爽　　　　装帧设计：溢思视觉设计／姚艺

出版发行：化学工业出版社
（北京市东城区青年湖南街13号　邮政编码100011）
印　　装：北京云浩印刷有限责任公司
710mm×1000mm　1/16　印张14½　字数243千字
2026年1月北京第1版第1次印刷

购书咨询：010-64518888　　　　售后服务：010-64518899
网　　址：http://www.cip.com.cn
凡购买本书，如有缺损质量问题，本社销售中心负责调换。

定　　价：78.00元

前言

随着人工智能技术的快速发展，数字图像处理作为计算机视觉的重要组成部分，已经成为众多领域不可或缺的技术工具。从医学影像分析到工业缺陷检测，从智能交通到遥感图像处理，数字图像处理的应用正以令人惊叹的速度改变着我们的生产与生活。近年来，大模型的崛起进一步推动了这一领域的发展。尤其是ChatGPT等基于自然语言处理的生成式模型，其独特的能力为数字图像处理的研究与应用带来了全新的视角和工具。

在这一背景下，本书旨在探索ChatGPT与数字图像处理技术的结合，从理论到实践，全面展示两者的交汇如何提升图像处理的效率与效果。书中不仅系统地讲解了数字图像处理的基本理论与常见算法，还重点介绍了如何利用ChatGPT优化算法设计、简化代码实现及加速问题求解。本书通过实际案例的展示，将传统的图像处理技术与生成式模型的强大能力相结合，为读者打开一扇通往创新实践的大门。

本书共分十三章。前五章以基础知识为核心，涵盖图像基本操作、几何变换、图像分割、形态学处理和特征提取，帮助读者夯实理论基础。随后章节通过多个应用场景的详细讲解，如车牌识别、遥感图像中的船舶识别、路面裂缝检测以及食品包装缺陷识别等，展示了图像处理技术在实际问题中的多样性与重要性。书中特别突出了ChatGPT在辅助图像处理流程中的作用，包括算法优化建议、代码生成和错误调试等，为读者提供了全新的技术方法论。

本书适合高校师生、科研人员以及从事计算机视觉与人工智能的工程技术人员阅读，也为希望学习数字图像处理与ChatGPT结合应用的初学者提供了全面的学习指南。希望本书的出版能够为更多读者带来启发，为推动数字图像处理技术的发展贡献一份力量。

在本书的写作过程中，得到了许多同行专家的宝贵意见和建议。在此，谨向他们表示由衷的感谢。同时，特别感谢一些同学的辛苦付出，包括廉超、孙天昂、鞠仲杰、董方贺聪、邵金亮、孙婷婷、贾腾璘、王浩、薛皓堂、霍惟、赵银凇、张家硕、邹智恺、张文博、克雨阳、刘羽璇等，他们在书籍的编写与校订中提供了重要支持。也感谢家人和朋友在书籍创作过程中给予的理解与支持。希望本书能够为所有读者带来帮助。由于时间有限，本书难免存在不妥之处，也期待您提出宝贵的意见与建议，以不断完善本书内容。

编著者

目录

第5章 图像特征提取

第6章 图像识别应用初步

第7章 基于OCR字符提取的车牌识别

第8章 基于小波变换和SVM的遥感图像船舶识别

第9章 基于光流场的交通汽车检测跟踪

第10章 基于视觉的路面裂缝检测

第11章 基于阈值分割提取眼前节组织

第12章 基于机器学习和深度学习的焊缝识别

第13章 基于图像处理和深度学习的食品包装缺陷识别

1.1
数字图像处理基础

1.2
ChatGPT 在数字图像处理中的角色

1.3
ChatGPT 在数字图像处理中的应用

1.4
小结

第 1 章 绪论

数字图像处理是一个经典的技术领域，它让我们能够对数字图像进行各种操作、分析和改进，从而揭示图像中隐藏的信息、改善视觉体验，并实现令人惊叹的应用。随着数字图像的普及和应用范围的扩大，数字图像处理已经成为我们日常生活中不可或缺的一部分。本书将带领读者深入探索数字图像处理的奥秘，并带来一个前所未有的学习体验。我们引入了ChatGPT这一强大的自然语言处理技术，将其与数字图像处理相结合，为读者提供全新的视角和方法。借助ChatGPT，我们可以以对话的形式与计算机进行互动，共同完成图像处理的任务。这种交互式的学习方式能够更深入地理解图像处理的原理和方法，提供个性化的学习体验。无论你是刚开始涉足数字图像处理领域的初学者，还是已经具有一定经验的专业人士，本书都将为你提供丰富的知识和实用的技能。让我们一起踏上这个令人兴奋的数字图像处理之旅，挖掘它的无限潜力，并利用ChatGPT技术为图像处理开辟新的可能性吧！

1.1 数字图像处理基础

1.1.1 数字图像处理简介

数字图像处理是指利用计算机算法和技术来处理数字图像的过程。数字图像是由像素组成的二维矩阵，每个像素代表着图像上的一个点，包含了该点的亮度、色彩和其他属性信息。数字图像处理的目标是通过一系列的处理步骤，改善图像的质量、提取图像的特征或实现其他特定的目标。

那么，数字图像处理到底具体能做什么呢？它可以通过调整图像的亮度、对比度和色彩来改善图像的视觉质量，让我们欣赏到更加清晰、鲜艳的图像；它可以进行图像分割和目标识别，从复杂的场景中自动提取出我们感兴趣的物体或区域；它可以应用于医学影像领域，帮助医生进行疾病的诊断和治疗规划；它可以支持计算机视觉领域的物体检测、人脸识别和图像搜索等任务；它还可以用于图像合成、特效制作和虚拟现实等娱乐和艺术领域。

数字图像处理的应用领域非常广泛。在医学领域，它被用于医学影像的分析和诊断，帮助医生检测疾病、评估治疗效果。在计算机视觉领域，数字图像处理支持物体检测、人脸识别、图像搜索等任务。此外，数字图像处理还被应用于娱乐、安全监控、遥感等各个领域。

1.1.2 数字图像处理概述

数字图像处理可以看作是一个图像经过一系列处理步骤的流程，如图1-1所示，具体如下：

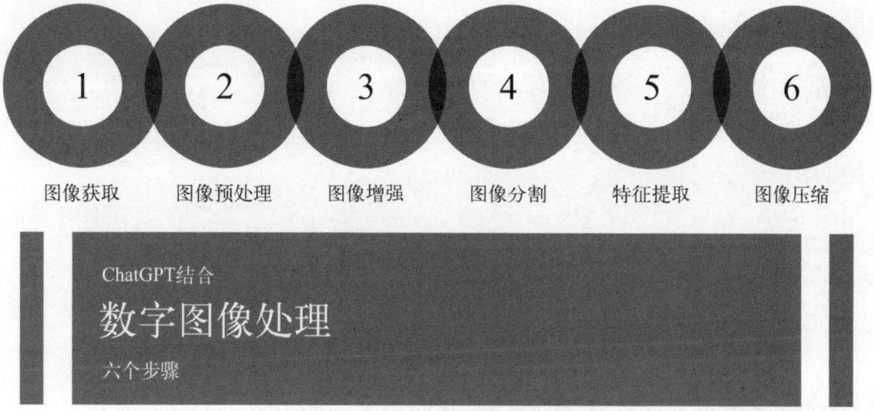

图1-1 数字图像处理步骤

（1）图像获取

数字图像的处理始于图像的获取。图像可以通过摄像头、扫描仪或其他图像获取设备获得。图像获取是数字图像处理的第一步，决定了后续处理的质量和准确性。

（2）图像预处理

在进行实际处理之前，为了消除图像中的噪声、调整图像的尺寸和色彩平衡，以及进行其他必要的调整，需要对图像进行预处理，以确保输入图像的质量和一致性，为后续处理打下基础。

（3）图像增强

图像增强旨在通过调整图像的亮度、对比度、色彩等属性，使图像更加清晰、鲜艳，并突出其中的细节和特征。常用的图像增强技术包括直方图均衡化、对比度增强、锐化等。

（4）图像分割

图像分割是将图像划分为若干个子区域的过程，每个子区域包含具有相似特征的像素，这在图像理解和目标检测中起着重要作用。常见的图像分割算法有阈值分割、边缘检测、区域生长等。

（5）特征提取

特征提取是从图像中提取出有用信息或描述图像内容的过程，所提取的特征可以是颜色、纹理、形状等。通过选择和提取合适的特征，可以对图像进行分类、识别和分析。常见的特征提取方法有SIFT、HOG、颜色直方图等。

（6）图像压缩

图像压缩是将图像数据进行编码以减少存储空间和传输带宽的过程。在数字图像处理中，图像压缩是必不可少的。常见的图像压缩方法有无损压缩和有损压缩，如JPEG、PNG等。

以上这些步骤和技术只是数字图像处理的冰山一角。在实际应用中，常常需要根据具体需求选择适当的处理方法。数字图像处理的发展带来了许多强大的工具和技术，为探索和利用图像的价值提供了巨大的机会。

1.1.3 数字图像处理应用

数字图像处理作为一门重要的技术，广泛应用于各个领域，为我们的生活和工作带来了许多便利和创新。让我们来看一些数字图像处理技术在现实世界中常见的实际应用：

（1）医学影像处理

在医学领域，数字图像处理在诊断、治疗和研究中扮演着重要角色。医学影像处理技术可以用于增强和分析X射线、CT扫描、MRI（磁共振成像）等图像，帮助医生更准确地诊断疾病，提高治疗效果，并在医学研究中发现新的医学知识。通过数字图像处理，医学影像可以进行增强，从而提高图像的清晰度、对比度和细节，这使得医生能够更准确地检测和分析疾病，辅助制定治疗方案。例如，在CT扫描中，数字图像处理可以去除伪影和噪声，使医生能够更清晰地观察患者的器官结构。此外，医学影像处理还可以用于图像的分割和标注，通过分割图像，医生可以将不同的组织结构或病变区域进行定量分析，有助于精确计量病变的大小、形状和位置，进一步指导治疗决策。医学影像处理还为医学研究提供了强大的工具，通过分析大量的医学影像数据，研究人员可以发现新的医学知识，探索疾病的发病机制和疾病进展的模式。例如，利用数字图像处理技术，可以对大规模的脑部MRI图像进行分析，以发现与神经退行性疾病相关的脑区变化。

（2）计算机视觉

计算机视觉技术的发展使得我们能够更好地理解和解读图像中的信息，数字图像处理在其中起到了至关重要的作用，通过图像增强、特征提取和模式识别等技术，计算机可以更好地理解图像内容。计算机视觉技术可以用于物体检测、识别和跟踪，例如智能监控系统、自动驾驶技术和人脸识别等。在物体检测和识别方面，数字图像处理技术可以通过分析图像中的特征和模式，自动检测和识别物体。例如，在智能监控系统中，数字图像处理可以帮助检测异常行为、识别特定人物或车辆，从而提高安全性和警报准确性。在图像搜索和图像内容分析方面，数字图像处理技术通过提取图像的特征和描述符，建立起图像之间的相似性度量，从而实现图像搜索和相关性排序，这对于图像检索、商品推荐和社交媒体分析等具有重要意义。

（3）图像合成和增强

数字图像处理技术可以使图像合成和增强变得更加灵活和高效。通过改变图像的外观、风格和内容，可创造出与众不同的视觉效果。例如，在电影特效、虚拟现实和增强现实应用中，图像合成技术常被用来生成不同的场景和效果。图像合成是将多个图像元素合并成一个单一图像的过程，通过数字图像处理技术将不同图像中的元素融合在一起，创造出逼真的视觉效果。例如，在电影中，数字图像处理使得我们能够看到惊险的特技场景、奇幻的幻想世界和科幻的未来城市。此外，数字图像处理还可以用于图像增强，用来改善老照片的质量，修复受损的图像，使其恢复到原本的状态。通过去除噪声、修复缺失的细节、调整色彩和对比度等操作，可以使老照片重新焕发光彩，让珍贵的回忆更加清晰和真实。

（4）遥感图像处理

遥感图像处理是对通过卫星、飞机等手段获取的遥感图像进行处理和分析的过程。这项技术在土地利用监测、自然灾害预测、资源管理等领域发挥了重要作用，为农业、环境保护和城市规划等提供了重要的支持。遥感图像处理的首要任务是从遥感图像中提取有关地表特征的信息，即通过数字图像处理技术，分析遥感图像中的光谱、纹理和形状等特征，从而获取有关土地利用、植被覆盖、水资源分布等方面的信息。例如，在农业领域，遥感图像处理可以帮助监测农田的生长状况、评估土地质量，以及制定农作物种植策略。在环境保护方面，遥感图像处理可以用于监测森林覆盖变化、水体污染和土地退化等问题，从而提供环境保护和可持续发展的决策支持。遥感图像处理还可以用于自然灾害的预测和应对，通过分析遥感图像中的地表变化、气候指标等数据，提前发现潜在的自然灾害风险，并采取相应的措施减轻灾害的影响。

（5）艺术和创意

数字图像处理在艺术和创意领域中也有着独特的应用，可以为艺术家提供更多的创作手段和表现形式。它使艺术更加多样化、丰富和创新。艺术家利用图像处理技术来创作艺术作品，可以打破传统的表现方式，展现出更多的想象力和创意。通过应用滤镜、特效和图像合成等技术，艺术家可以将现实世界中的图像转化为梦幻、抽象或者超现实的视觉效果，通过调整色彩、对比度和细节等参数，打造出独特的艺术风格和表现形式。使用图像处理技术对已有的作品进行修改和创新，调整图像的构图、改变色彩和纹理，以获得不同的视觉效果和情感表达。图像处理还可以帮助修复受损或老化的艺术作品，使其恢复原貌，延续艺术的传承。

以上只是数字图像处理应用的小部分示例，实际应用范围非常广泛。随着技术的不断发展和创新，数字图像处理将在更多领域展现出巨大潜力。

1.2 ChatGPT在数字图像处理中的角色

ChatGPT在数字图像处理中扮演了关键的角色，借助其在自然语言处理方面的优势，可成功地将文本信息与图像处理任务整合在一起。

（1）引导者

ChatGPT以其独特的引导者角色，将用户直观的自然语言描述化繁为简。例如自然语言“让夕阳的颜色更加温暖”或“突显图像中的水面反射”，ChatGPT可以将其精准地转化为实际的数字图像处理步骤。这不仅是语言的转化，更是ChatGPT在数字图像处理的复杂领域中担当着解码者的角色，将用户的创意和想法转变为可执行的图像处理任务。 这一角色为用户提供了一种极为直观、自然的参与数字图像处理创作的方式。用户无须深入了解复杂的技术，只需通过简单而贴近生活的语言描述表达自己的需求，就能与数字图像处理系统建立起一场沟通。这使得数字艺术不再是专业领域的专属，而是向更广泛的用户开放，将创作的门槛大大降低，让更多人能够参与数字图像处理的创意表达。ChatGPT作为引导者，在这个过程中得以鲜明展现，并促使用户从观念到实际，无须过多技术背景，便能轻松实现个性化数字图像处理。

（2）沟通的枢纽

用户的语言描述在数字图像处理中扮演着更为重要的角色，不仅是需求的起点，更是与图像处理系统进行直接对话的重要媒介。当用户通过语言表达自己的创意需求，如“突显树上的鸟群”，ChatGPT以其沟通的枢纽角色，迅速而精准地生成文本描述，成为用户与图像处理模块之间的有效交流工具。这样的沟通方式具有直观性和生动性，使得用户更加自然地融入数字图像处理的创作过程中。通过语言表达，用户将自己的想法和审美观点传达给图像处理系统，而ChatGPT在其中起到了中介的作用。生成的文本描述不仅仅是简单的指令，更像是一场富有创意和艺术性的对话，这使得数字图像处理不再是冰冷的技术操作，而是一个充满交流和互动的过程，为用户提供了一种更直接、更人性化的数字图像处理体验。用户无须掌握专业术语或深入了解技术细节，只需通过自然语言表达自己的想法，就能够与图像处理系统实现深入而有趣的交流，这样的沟通方式不仅拓展了数字艺术的边界，也促进了用户与技术之间更加紧密的互动，使数字图像处理过程成为一场令人愉悦的创意冒险。

（3）搜索与描述生成的引领者

用户能够通过简单而直观的自然语言描述进行图像查询，比如“找一张日落的沙滩图片”或“寻找夜晚城市的照片”。在这个过程中，ChatGPT充当了搜索与描述生成的引领者的角色。ChatGPT不仅理解这些描述，更深入解释用户的意图，并调用相应的图像检索算法，为用户呈现出精准满足描述的图像。这种搜索与描述生成的引导方式在数字图像处理中起到了关键作用，它极大地提升了用户的搜索体验。用户无须使用烦琐的关键词或专业术语，只需用自然语言表达自己的需求，即可得到符合期望的图像结果。这种直观的搜索方式，使得用户能够更加轻松地探索并找到他们所需要的图像，为数字图像处理的应用场景注入了更为便捷和友好的搜索体验。同时，这种引导方式为数字图像搜索带来了更广泛的可能性，通过ChatGPT的解释和引导，用户的搜索请求不再受限于关键词的单一性，而能够通过更具体、更生动的自然语言描述来实现。例如，用户可以说“寻找夜空中闪烁的星星”，而不仅仅是使用关键词“星空”。这样的引导方式使得数字图像搜索更贴近用户的实际需求，为图像检索技术的创新提供了更为广泛的发展空间。通过自然语言的直观表达和解释，ChatGPT极大地改善了用户的搜索体验，同时为数字图像搜索的应用场景带来了更为灵活和多样的可能性，这不仅使得数字图像处理更加智能和贴近用户需求，也推动了数字图像搜索技术的不断创新。

（4）代码生成者

用户能够通过简单的语言描述获取定制化的代码，如“增加图像的对比度”或“去除照片中的红眼效果”。在这一创新性的功能中，ChatGPT展现了其在数字图像处理中具备生成相关代码的能力。通过深度理解用户的语言描述，ChatGPT能够将这些直观的需求转化为相应的图像处理代码，为用户提供实现图像处理任务的具体方法。这种能力的引入，不仅仅减轻了用户学习图像处理技术的负担，更使得数字图像处理变得普及和可访问。用户无须深入研究编程语言或理解复杂的图像处理算法，只需简单地表达自己的需求，就能够通过生成的代码实现图像处理任务，这为非专业用户提供了一个更加友好、直观的数字图像处理途径，将图像处理的创造性推广到更为广泛的用户群体中。

1.3 ChatGPT在数字图像处理中的应用

ChatGPT 是由 OpenAI 公司开发的基于GPT系列架构的大型语言模型，它是一种聊天式人工智能，旨在通过与用户进行对话来提供信息和回答问题。ChatGPT 的核心技术是生成式预训练，模型通过学习大量的文本，从中捕捉到丰富的语言知识和模式。这种预训练使得模型能够理解和生成自然语言，并提供相关和有意义的回答。ChatGPT通过一种称为迁移学习的技术进行训练。模型先在大规模文本数据上进行预训练，学习语言的结构和语义；然后在特定任务上进行微调，使其能够执行特定的任务，例如聊天对话。微调阶段使用由人工标注的对话数据，以便模型能够适应特定领域和对话类型的需求。ChatGPT使用了多层的 Transformer 模型，这种模型结构在自然语言处理任务中表现出色，Transformer 模型利用注意力机制来捕捉输入序列中的上下文信息，使得模型能够理解长距离的依赖关系，并产生连贯的回答。

在数字图像处理中，ChatGPT可以被用作一个强大的辅助工具。它通过对图像进行文本描述，实现对图像内容的理解和表达。通过与用户的对话交互，ChatGPT可以接收用户的指令或问题，并生成相应的图像处理结果。这种对话式的交互方式，使得图像处理更加个性化、灵活和用户友好。另外，ChatGPT还可以完成图像标注、图像描述生成、图像问答等任务，它能够通过与用户的对话来获取更多关于图像的上下文信息，并生成更准确和具有语义连贯性的结果。

图像标注：ChatGPT可以对图像进行文本描述，生成准确且语义连贯的图像标注。通过与用户的对话交互，ChatGPT能够获取更多关于图像的上下文信息，生成更准确的描述。

图像描述生成：除了标注，ChatGPT还可以生成富有表达力和创意的图像描述。它能够理解图像的内容和情感，并以自然语言的形式进行描述，为图像增添更多的细节和故事性。

图像问答：ChatGPT能够根据用户的问题，对图像进行分析并给出相应的答案。用户可以通过对话交互的方式提出关于图像的问题，ChatGPT会利用其语义理解能力来进行推理并回答。

ChatGPT在数字图像处理中的应用，让我们看到了数字图像处理和自然语言处理的强强联合。通过与ChatGPT的交流，数字图像处理不再局限于传统的图像处理技术，而是变得更加灵活、智能和个性化。ChatGPT技术在数字图像处理中的应用具有许多优势，例如：

① 自然语言生成：ChatGPT能够生成自然、流畅的文本描述，使得图像处理结果更易理解和解释。

② 个性化交互：ChatGPT可以与用户进行对话交互，根据用户需求提供个性化的图像处理结果。

③ 灵活性和创造性：ChatGPT能够根据上下文信息进行灵活的图像处理操作，并具备一定的创造性。

尽管ChatGPT技术在数字图像处理中有着巨大的潜力，但它也存在一些挑战和局限性。例如，对于大规模的图像数据和复杂的图像处理任务，ChatGPT可能需要更多的计算资源和训练数据。此外，生成式模型可能会存在一定的语义模糊性和不确定性。

1.4 小结

数字图像处理是对数字图像进行一系列算法和技术处理的过程，旨在改善图像质量、提取图像特征或实现其他特定目标。ChatGPT则是一种基于深度学习的自然语言处理模型，可以生成对话回复。在数字图像处理中，ChatGPT扮演了引导者、沟通枢纽、搜索与描述生成的引领者以及代码生成者等多重角色。它作为引导者，将用户的自然语言描述翻译为可执行的图像处理任务；作为沟通枢纽，连接用户与图像处理系统，实现有趣而富有创意的图像处理；作为搜索与描述生成的引领者，通过直观的语言描述提升用户的搜索体验，为数字图像搜索带来更广泛的可能性；具备生成相关代码的能力，使得用户无需深入了解技术细节，通过简单的语言描述获取定制化的代码，使图像处理更加普及和可访问。通过本章，我们对数字图像处理和ChatGPT技术有了更深入的了解，看到了数字图像处理与ChatGPT的结合为图像处理带来新的可能性和创新思路。

第 2 章

图像的基本操作

数字图像处理是当前信息技术发展中备受关注的领域，也是图像识别、计算机视觉等众多技术的重要基础。数字图像处理的核心任务之一就是对图像进行基本操作，如图像的读取、存储、点运算、卷积、几何变换、直方图处理和去噪等，这些基本操作是实现更复杂的机器视觉和深度学习算法的基础。

2.1 图像的读取与存储

在数字图像处理中，需要对图像进行读取和存储，以进行后续的处理和应用。这一节将介绍如何使用Matlab对图像进行读取和存储，同时还会讲解一些基本的图像格式相关的知识。

（1）图像格式

在数字图像处理中，常见的图像格式包括 JPEG、PNG、BMP 等。这些图像格式的差异在于图像的压缩方式、色彩模式、图像品质等方面的不同，需要根据实际需求来选择合适的格式。

JPEG（joint photographic experts group）：JPEG 是一种无损和有损压缩方法相结合的图像格式，它可以使图像压缩到较小的大小的同时保留一定的图像质量。JPEG 的压缩率可以根据需求进行调整，但是压缩过程中会产生明显的失真。

PNG（portable network graphics）：PNG 是一种无损压缩的图像格式，它的压缩比相对于JPEG来说要低一些，但是PNG能够保留图像中的透明度、颜色范围等信息，并且不会产生失真，主要用于制作需要透明背景或高质量图像的场合。

BMP（bitmap）：BMP 是一种无损的位图图像格式，其中每个像素都能够被准确地记录下来。因此，BMP 格式图像的质量较高，同时也比较占用存储空间，主要用于制作有高要求的图像效果的场合。

（2）图像处理与显示

使用 Matlab 中的“imread()”函数可以读取指定路径下的图像：img = imread('example.jpg');

可以使用“imshow()”函数来显示读取到的图像，可以使用以下语句：imshow('example.jpg');

如果需要控制一些显示中的参数，可以使用类似以下的方法进行修改：

imshow('example.jpg', 'DisplayRange', [50, 150])。这个示例中，我们控制显示范围，使显示的图像灰度值的范围从 50 到 150。

（3）图像存储

使用“imwrite()”函数可以将一个矩阵或多个矩阵写入指定的文件格式中，该函数的语法大致是：“imwrite(A, filename)”；其中“A”为要写入文件的矩阵数据，“filename”是指定的文件名，文件格式受保存的文件名的扩展名所影响。将“img”矩阵写入文件中的指令如下：imwrite(img,'result.png')。

2.2 图像点运算

2.2.1 灰度变换

灰度变换是一种常见的图像点运算操作，可以通过改变图像的像素值来调整图像的亮度和对比度。本节将介绍三种常见的灰度变换方法：线性变换、对数变换和伽马变换。

（1）线性变换

线性变换是一种简单而常用的灰度变换方法。它通过对图像的每个像素值进行线性映射，改变图像的亮度和对比度。线性变换的数学公式如下：

$$g(x,y)=af(x,y)+b \tag{2-1}$$

其中，$f(x, y)$表示原始图像的像素值；$g(x, y)$表示变换后的图像的像素值；a和b分别表示斜率和截距，可以通过调整它们来控制图像的亮度和对比度。

用户：“使用 Matlab 实现线性变换。”

ChatGPT

matlab　　复制　编辑

```matlab
% 读取 Lena 图像
img = imread('lena.png');

% 显示原始图像
subplot(1,2,1);
imshow(img);
title('原始图像');
```

```
% 将图像转换为双精度类型
img_double = double(img);

% 定义线性变换参数
a = 1.2; % 对比度因子
b = 50;  % 亮度偏移量

% 进行线性变换
img_transformed = a * img_double + b;

% 确保像素值在有效范围内
img_transformed = uint8(min(max(img_transformed, 0), 255));

% 显示变换后的图像
subplot(1,2,2);
imshow(img_transformed);
title('线性变换后的图像');
```

图2-1 线性变换

（2）对数变换

对数变换是一种常用的非线性灰度变换方法，它可以扩展图像的低亮度部分并压缩高亮度部分，从而增强图像的对比度。对数变换的数学公式如下：

$$g(x,y)=c\lg(1+f(x,y)) \tag{2-2}$$

其中，$f(x,y)$表示原始图像的像素值；$g(x,y)$表示变换后的图像的像素值；c表示常数，可以用于调整对比度。

用户：“使用Matlab实现对数变换。”

ChatGPT

matlab

```
% 读取 Lena 图像
img = imread('lena.png');

% 显示原始图像
subplot(1,2,1);
imshow(img);
title('原始图像');

% 将图像转换为双精度类型
img_double = double(img);

% 对数变换的常数 c
c = 255 / log(1 + max(img_double(:)));

% 执行对数变换
img_log_transformed = c * log(1 + img_double);

% 确保像素值在有效范围内
img_log_transformed = uint8(min(max(img_log_transformed, 0), 255));

% 显示变换后的图像
subplot(1,2,2);
imshow(img_log_transformed);
title('对数变换后的图像');
```

图2-2 对数变换

（3）伽马变换

伽马变换是一种常用的非线性灰度变换方法，它可以调整图像的亮度和对比度。伽马变换的数学公式如下：

$$g(x,y) = af(x,y)^{\gamma} \tag{2-3}$$

其中，$f(x,y)$表示原始图像的像素值；$g(x,y)$表示变换后的图像的像素值；a和γ分别表示伽马变换的参数，可以通过调整它们来控制图像的亮度和对比度。

用户："使用Matlab实现伽马变换。"

ChatGPT

```matlab
clear;
clc;
% 读取 Lena 图像
img = imread('lena/lena_c.bmp');

% 显示原始图像
subplot(1,2,1);
imshow(img);
title('原始图像');

% 将图像转换为双精度类型
img_double = double(img);

% 伽马变换参数
gamma = 1.5;  % 伽马值，可以调节
c = 255;      % 常数
a = 1;
% 执行伽马变换
img_gamma_transformed = a * c * (img_double / 255) .^ gamma;

% 确保像素值在有效范围内
img_gamma_transformed = uint8(min(max(img_gamma_transformed, 0), 255));

% 显示变换后的图像
subplot(1,2,2);
imshow(img_gamma_transformed);
title(['伽马变换后的图像 (γ = ' num2str(gamma) ')']);
```

图2-3 伽马变换

2.2.2 像素阈值处理

像素阈值处理是一种常用的图像处理技术，通过将图像中的像素值与预定义的阈值进行比较来决定像素的最终值。具体的原理步骤如下：

① 选择阈值：选择一个适当的阈值，它将用于划分图像的像素。阈值可以手动选择或者根据图像的特性进行自动选择。

② 比较像素值：对于每个像素，将其像素值与阈值进行比较。

③ 分割像素：根据比较结果，将像素进行二值化分割。通常，如果像素值大于阈值，则将像素设置为一个预定义的高值（例如白色），否则设置为一个预定义的低值（例如黑色）。使用的公式是简单的阈值比较公式：如果像素值大于阈值，新像素值等于高值；如果像素值小于等于阈值，新像素值等于低值。

阈值处理常应用于图像分割、边缘检测、物体识别等领域，它可以提取感兴趣的区域或特定的目标。接下来介绍固定阈值的二值化和自适应阈值二值化。

（1）固定阈值的二值化

固定阈值的二值化是一种简单直观的图像二值化方法，它将图像的像素值与设定的固定阈值进行比较，并将大于阈值的像素设置为一个值，小于或等于阈值的像素设置为另一个值。

用户：“使用Matlab实现固定阈值的二值化。”

ChatGPT

matlab　　复制　　编辑

```
clear;
```

```
clc;

% 读取 Lena 图像
img = imread('lena.png');

% 显示原始图像
subplot(1,2,1);
imshow(img);
title('原始图像');

% 将图像转换为灰度图像（如果是彩色图像）
if size(img, 3) == 3
    img = rgb2gray(img);
end

% 设置固定阈值
threshold = 128;  % 你可以调整此阈值

% 执行固定阈值二值化
binary_img = img >= threshold;  % 大于或等于阈值的像素值设为1（白色），否则设为0（黑色）

% 将二值化结果转换为 0 或 255
binary_img = uint8(binary_img) * 255;

% 显示二值化后的图像
subplot(1,2,2);
imshow(binary_img);
title(['二值化图像 (阈值 = ' num2str(threshold) ')']);
```

图2-4　固定阈值二值化

（2）自适应阈值二值化

自适应阈值二值化是一种根据局部像素的灰度特性来确定阈值的二值化方法。通过分析图像的局部像素来计算每个像素的阈值，并根据这些阈值对图像进行二值化处理。

用户："使用Matlab实现自适应阈值二值化。"

ChatGPT

matlab 复制 编辑

```
clear;
clc;

% 读取 Lena 图像
img = imread('lena.png');

% 显示原始图像
subplot(1,2,1);
imshow(img);
title('原始图像');

% 将图像转换为灰度图像（如果是彩色图像）
if size(img, 3) == 3
    img = rgb2gray(img);
end

% 自适应阈值二值化
window_size = 15;  % 窗口大小，可以根据需要调整
adaptive_thresh = adaptthresh(img, 0.5, 'ForegroundPolarity', 'bright', 'NeighborhoodSize', wi

% 执行自适应二值化
binary_img_adaptive = imbinarize(img, adaptive_thresh);

% 显示自适应二值化后的图像
subplot(1,2,2);
imshow(binary_img_adaptive);
title(['自适应二值化图像 (窗口大小 = ' num2str(window_size) ')']);
```

原始图像　　自适应阈值二值化图像(窗口大小=15)

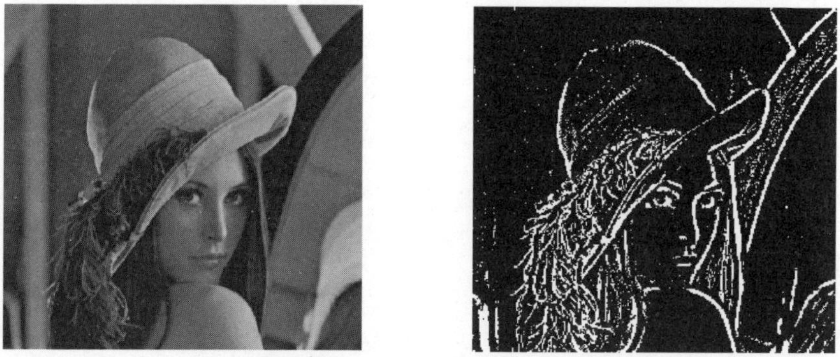

图2-5　自适应阈值二值化

2.2.3　像素反转

像素反转是一种简单的图像点运算方法，通过反转图像的像素值来获取与原图像呈现效果相反的图像。例如，原始图像中较亮的区域在反转后变为较暗的区域。具体的原理步骤如下：

① 获取图像：从输入中获取图像。

② 反转像素值：对于每个像素，将其亮度值进行反转。通常情况下，将亮的像素值变为暗的，将暗的像素值变为亮的。新像素值为最大像素值减去原始像素值，其中，最大像素值是亮度值的最大值，通常是255，也可以根据图像的位深度进行调整。像素反转常用于图像增强、特效处理、信息隐藏等领域，通过改变图像的亮度对比度，可以使图像更加具有视觉冲击力。

用户："使用Matlab实现像素反转。"

ChatGPT

matlab　复制　编辑

```matlab
clear;
clc;

% 读取 Lena 图像
img = imread('lena.png');

% 显示原始图像
subplot(1,2,1);
```

```
imshow(img);
title('原始图像');

% 如果图像是彩色图像，则对每个颜色通道进行反转
if size(img, 3) == 3
    % 对每个通道进行反转
    img_inverted = 255 - img;
else
    % 如果是灰度图像，直接进行反转
    img_inverted = 255 - img;
end

% 显示反转后的图像
subplot(1,2,2);
imshow(img_inverted);
title('反转后的图像');
```

图2-6　像素反转

2.2.4　像素对比度增强

像素对比度增强是一种常用的图像点运算方法，通过调整图像中像素的值范围，使得图像的对比度更加明显，从而增强视觉效果和细节。常见的对比度增强方法包括直方图均衡化和自适应直方图均衡化。具体的原理步骤如下：

① 获取图像：从输入中获取图像。

② 计算平均亮度：计算图像中所有像素的平均亮度值。

③ 调整像素值：对于每个像素，将其亮度值与平均亮度进行比较和调整。

通过增加或减小像素值来调整像素的亮度。新像素值为平均亮度加上增益乘以原始像素值减去平均亮度的值，其中，增益是一个系数，用于控制亮度调整的程度。增益大于1会增加像素之间的亮度差异，从而增强对比度；增益小于1则会减小亮度差异，从而减小对比度。像素对比度增强常用于图像增强、显示优化、图像分析等应用领域，可以使图像更加鲜明、细致，并凸显出图像中的重要特征。

用户："使用Matlab实现直方图均衡化。"

ChatGPT

matlab　　复制　　编辑

```matlab
% 读取图像
img = imread('image.jpg'); % 进行直方图均衡化
output_img = histeq(img);

% 显示原图和直方图均衡化后的图像
subplot(1, 2, 1), imshow(img), title('原图');
subplot(1, 2, 2), imshow(output_img), title('像素对比度增强');
```

图2-7　像素对比度增强

2.3　图像的几何变换

图像的几何变换是一种可以改变图像形状、大小和位置的图像处理技术。

通过对图像进行旋转、平移、缩放、翻转、仿射变换和透视变换等操作，可以实现对图像的形态和位置的灵活控制。这些变换方法在许多图像处理和计算机视觉应用中都起到重要的作用。以下是几种常见的图像几何变换方法。

2.3.1 图像旋转

图像旋转是将图像绕一个指定的旋转中心点按顺时针或逆时针方向旋转一定角度的操作。图像旋转可用于校正倾斜图像、角度测量、图像配准等场景。旋转矩阵如下所示：

$$\begin{bmatrix} \cos\theta & -\sin\theta & 0 \\ \sin\theta & \cos\theta & 0 \\ 0 & 0 & 1 \end{bmatrix} \tag{2-4}$$

其中，θ表示旋转角度。

用户："使用Matlab实现图像旋转。"

ChatGPT

matlab　　复制　　编辑

```matlab
A = imread('image.jpg');
angle = 30;

B = imrotate(A, angle);

subplot(1, 2, 1), imshow(A), title('原图');
subplot(1, 2, 2), imshow(B), title('旋转后图像');
```

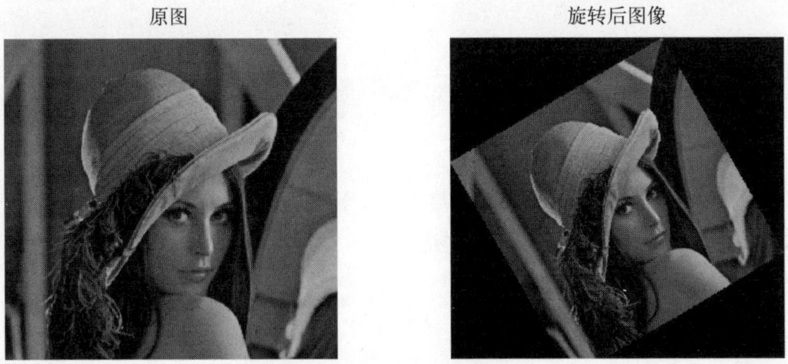

图2-8　图像旋转

代码中，imrotate函数是Matlab中用于图像旋转的函数。它可以按照指定的角度对图像进行逆时针旋转。imrotate函数的基本语法如下：

B = imrotate(A, angle)

其中，A表示输入的图像，angle表示旋转的角度。返回的B是旋转后的图像。除了基本语法外，imrotate函数还支持以下选项：

① 'crop'：默认情况下，imrotate函数会对旋转后的图像进行裁剪，使其大小与原始图像相同。使用'crop'选项可以在旋转后的图像上执行裁剪，使其尽可能大。

B = imrotate(A, angle, 'crop')

② 'bilinear'或'bicubic'：用于指定插值方法。默认情况下，使用双线性插值('bilinear')实现图像的旋转，也可以选择双三次插值('bicubic')。

B = imrotate(A, angle, 'bilinear')

③ 'nearest'：使用最近邻插值方法，该方法在某些情况下可能会导致图像的块状效应，但计算速度较快。

B = imrotate(A, angle, 'nearest')

④ 'loose'：保留旋转后图像的全部内容，而不进行裁剪。这可能会导致输出图像的大小与原始图像不同。

B = imrotate(A, angle, 'loose')

2.3.2 图像平移

图像平移是将图像沿着水平或垂直方向移动一定距离的操作，主要用于对图像位置的调整，如图像对齐、图像拼接等。对于每个像素点，将其坐标值加上平移的量，即可实现图像的平移。

用户："使用Matlab实现图像平移。"

ChatGPT

matlab 复制 编辑

```
img = imread('image.jpg');
```

```
tx = 50; % 水平平移量
ty = 20; % 垂直平移量

tform = affine2d([1, 0, 0; 0, 1, 0; tx, ty, 1]);

translated_img = imwarp(img, tform);

% 显示平移前后的坐标
figure;
imshow(translated_img);
hold on;
text(10, 10, sprintf('原始图像\n(0, 0)'), 'Color','red', 'FontSize', 12);
text(10 + tx, 10 + ty, sprintf('平移后图像\n(%d, %d)', tx, ty), 'Color', 'green', 'FontSize',
hold off;
```

图2-9　图像平移

代码中，imwarp函数是Matlab中用于进行图像的几何变换的函数。它可以对输入图像应用各种几何变换，例如仿射变换、透视变换、尺度变换等。imwarp函数的基本语法如下：

output_img = imwarp(input_img, tform)

其中，input_img表示输入的图像，tform是一个仿射变换对象或者几何变换矩阵。返回的output_img是应用变换后的图像。除了基本语法外，imwarp函数还支持其他选项，如：

① 'OutputView'：指定输出图像的大小和空间参考。

output_img = imwarp(input_img, tform, 'OutputView', imref2d(size(input_img)))

② 'FillValues'：指定在变换过程中填充图像时使用的值，默认为0。

output_img = imwarp(input_img, tform, 'FillValues', 255)

2.3.3 图像缩放

图像缩放是通过对图像中的像素进行重新采样来改变图像大小的操作，常用于图像压缩、图像放大等。常用的插值方法有最近邻插值、双线性插值和三次样条插值。

用户："使用Matlab实现图像缩放。"

ChatGPT

```matlab
img = imread('image.jpg');
scale_factor = 0.1; % 缩放因子
scaled_img = imresize(img, scale_factor);

% 显示缩放前后效果对比
figure;
subplot(1, 2, 1), imshow(img), title('原始图像');
subplot(1, 2, 2), imshow(scaled_img), title('缩放后图像');
```

图2-10 图像缩放

代码中，imresize函数是Matlab中用于改变图像大小的函数。它可以通过插值算法将图像缩放到指定的尺寸。imresize函数的基本语法如下：

output_img = imresize(input_img, scale)

其中，input_img表示输入的图像，scale表示缩放比例。返回的output_img是缩放后的图像。除了基本语法外，imresize函数还支持其他选项，如：

① 'OutputSize'：指定输出图像的大小。

output_img = imresize(input_img, scale, 'OutputSize', [height, width])

② 'Method'：指定插值算法。默认使用双三次插值方法（'bicubic'）。还可以选择双线性插值方法（'bilinear'）或最近邻插值方法（'nearest'）。

output_img = imresize(input_img, scale, 'Method', 'bilinear')

2.3.4 图像翻转

图像翻转是通过交换图像中像素值的位置来将图像沿着水平或垂直方向进行反转的操作，常用于图像翻转特效、镜像对称等应用。水平翻转是将图像每一行的像素值进行反向排序，垂直翻转是将图像每一列的像素值进行反向排序。

用户：“使用Matlab实现图像翻转。”

ChatGPT

matlab　　复制　　编辑

```matlab
img = imread('image.jpg');
flipped_img_lr = fliplr(img); % 水平翻转
flipped_img_ud = flipud(img); % 垂直翻转

% 显示对比效果
figure;
subplot(1, 3, 1), imshow(img), title('原始图像');
subplot(1, 3, 2), imshow(flipped_img_lr), title('水平翻转');
subplot(1, 3, 3), imshow(flipped_img_ud), title('垂直翻转');
```

图2-11　图像翻转

代码中，fliplr函数和flipud函数是Matlab中用于翻转图像或矩阵的函数。

① fliplr函数用于水平翻转图像或矩阵，即沿着垂直中线进行翻转。其基本语法如下：

output_img = fliplr(input_img)

其中，input_img表示输入的图像或矩阵，output_img表示经过水平翻转后的图像或矩阵。

② flipud函数用于垂直翻转图像或矩阵，即沿着水平中线进行翻转。其基本语法如下：

output_img = flipud(input_img)

其中，input_img表示输入的图像或矩阵，output_img表示经过垂直翻转后的图像或矩阵。

2.4 直方图处理

2.4.1 直方图均衡化

直方图均衡化是一种通过重新分布图像像素的灰度级来增强图像对比度的方法。其基本原理是将原始图像的灰度级分布变换为更均匀的分布，从而使图像的动态范围得到充分利用。具体过程如下：

① 统计原始图像的灰度级频率分布，也称为直方图。直方图表示了不同灰度级在图像中出现的次数。

② 计算归一化直方图，将每个灰度级的频率除以图像中像素的总数，得到每个灰度级的概率。

③ 计算累积分布函数（cumulative distribution function，CDF），表示每个灰度级的累积概率。CDF可以通过对归一化直方图进行累积求和得到。

④ 根据CDF，计算每个灰度级的映射函数。映射函数将原始图像中的每个灰度级映射到新的灰度级，使得累积概率在整个灰度级范围内均匀分布。

⑤ 应用映射函数到原始图像的每个像素，将原始灰度级替换为新的灰度级。

通过这个过程，直方图均衡化将图像的灰度级重新映射，使得图像中较暗或较亮的区域变得更加明亮，并且增强了整体的对比度。这使得图像细节更加突出，更加清晰。需要注意的是，直方图均衡化只对单通道灰度图像有效。对于多通道彩色图像，可以对每个通道分别进行直方图均衡化，然后重新合成为彩色图像。在Matlab中，可以使用histeq函数实现直方图均衡化。

具体语法如下：

output_img = histeq(input_img);

其中，input_img表示输入的图像，output_img表示经过直方图均衡化后的图像。

用户："使用Matlab实现直方图均衡化。"

ChatGPT

matlab 复制 编辑

```matlab
% 读取灰度图像
img = imread('image.jpg');
grayImg = rgb2gray(img); % 转换为灰度图像

% 进行直方图均衡化
eqImg = histeq(grayImg);

% 显示原始图像和均衡化后的图像
figure;
subplot(2, 2, 1); imshow(img); title('原图');
subplot(2, 2, 2); imshow(eqImg); title('直方图均衡化');

% 显示原始图像的直方图
subplot(2, 2, 3); imhist(grayImg); title('原始直方图');

% 显示均衡化后的图像的直方图
subplot(2, 2, 4); imhist(eqImg); title('均衡化直方图');
```

这段代码将显示原始图像和直方图均衡化后的图像。通过直方图均衡化，图像的对比度可以得到增强，细节更加清晰，提升了图像的视觉效果。

代码中，histeq函数用于对图像进行直方图均衡化。它的语法如下：

J = histeq(I, N)

J = histeq(I, X)

[J, T] = histeq(___)

其中，I是输入的图像，可以是灰度图像或彩色图像；N是可选参数，指定输出图像的灰度级数；X是指定输出图像的灰度级分布的一个向量；histeq函数返回的J是均衡化后的图像。如果指定了N参数，则J的灰度级数为N。如果指定了X参数，则J的灰度级分布将与X相匹配。如果用“[J, T] = histeq(___);”的形式调用histeq函数，额外返回的T是一个变换向量（look-up table），可以用于将其他图像应用相同的灰度级映射。

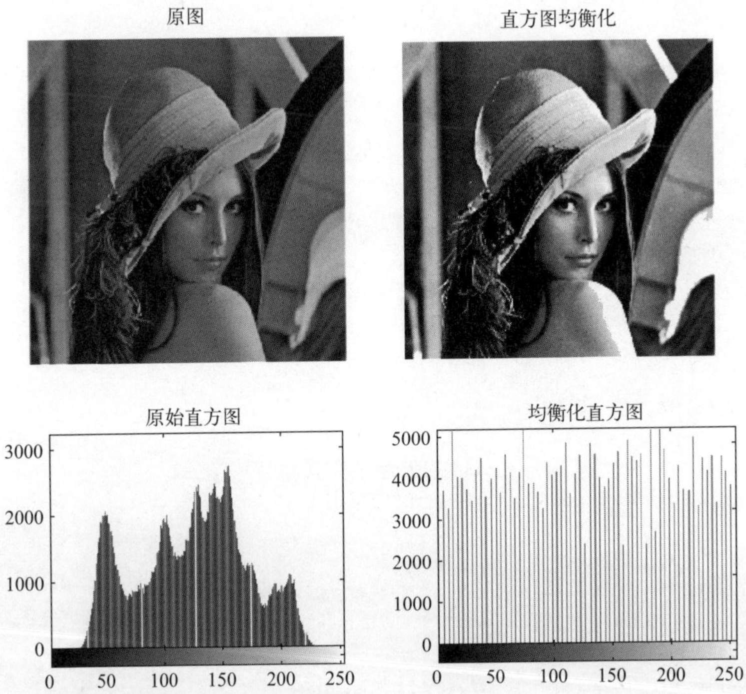

图2-12　直方图均衡化

2.4.2 直方图匹配

直方图匹配（histogram matching），也称直方图规定化（histogram specification），用于将一幅图像的直方图转换为参考图像的直方图。其目的是使待处理的图像具有与参考图像相似的直方图分布。直方图匹配的原理是通过对比待处理图像和参考图像的直方图，找到两者之间的差异，并将待处理图像的灰度级重新映射，使它们的直方图分布更加相似。这样可以将待处理图像的对比度和颜色范围调整到与参考图像一致，达到两幅图像外观上的一致性。下面是直方图匹配的一般步骤：

① 获取待处理图像（被匹配图像）和参考图像的直方图。

② 对两个直方图进行归一化，将各个灰度级的频率转换为概率。

③ 计算累积分布函数(CDF)。对两个归一化直方图进行累积求和，得到累积概率分布函数。

④ 计算累积分布函数的反函数(CDF^{-1})。将CDF中的累积概率转换为灰度级。

⑤ 对待处理图像的每个像素，通过CDF^{-1}将其原始灰度级映射为新的灰度级。

直方图匹配用于图像增强、颜色校正、内容合成等许多图像处理任务中，能够使得图像与参考图像保持一致的颜色和对比度。在具体应用中，可以使用各种编程语言和图像处理软件来实现直方图匹配算法。在Matlab中，可以使用imhistmatch函数实现直方图匹配。

具体语法如下：

output_img = imhistmatch(input_img, ref_img)

其中，input_img表示输入的图像；ref_img表示参考图像；output_img表示经过直方图匹配后的图像。

用户：“用Matlab实现直方图匹配。”

ChatGPT

```matlab
% 读取参考图像和待处理图像
refImg = imread('reference.jpg');
targetImg = imread('target.jpg');

% 将图像转换为灰度图像
refGray = rgb2gray(refImg);
targetGray = rgb2gray(targetImg);
```

```
% 对参考图像和目标图像计算直方图
refHist = imhist(refGray);
targetHist = imhist(targetGray);

% 对直方图进行归一化
refHist = refHist / numel(refGray);
targetHist = targetHist / numel(targetGray);

% 计算累积分布函数
refCDF = cumsum(refHist);
targetCDF = cumsum(targetHist);

% 计算累积分布函数的反函数
refCDFMap = round(refCDF * 255);
targetCDFMap = round(targetCDF * 255);

% 对待处理图像进行直方图匹配
matchedImg = histeq(targetGray, refCDFMap);

% 显示参考图像、待处理图像和匹配后的图像
figure;
subplot(1, 3, 1); imshow(refGray); title('参考图像');
subplot(1, 3, 2); imshow(targetGray); title('目标图像');
subplot(1, 3, 3); imshow(matchedImg); title('匹配后图像');

% 显示参考图像和目标图像的直方图
figure;
subplot(1, 3, 1); imhist(refGray); title('参考直方图');
subplot(1, 3, 2); imhist(targetGray); title('目标直方图');

% 显示匹配后的图像的直方图
subplot(1, 3, 3); imhist(matchedImg); title('匹配后直方图');
```

图2-13 图像对比

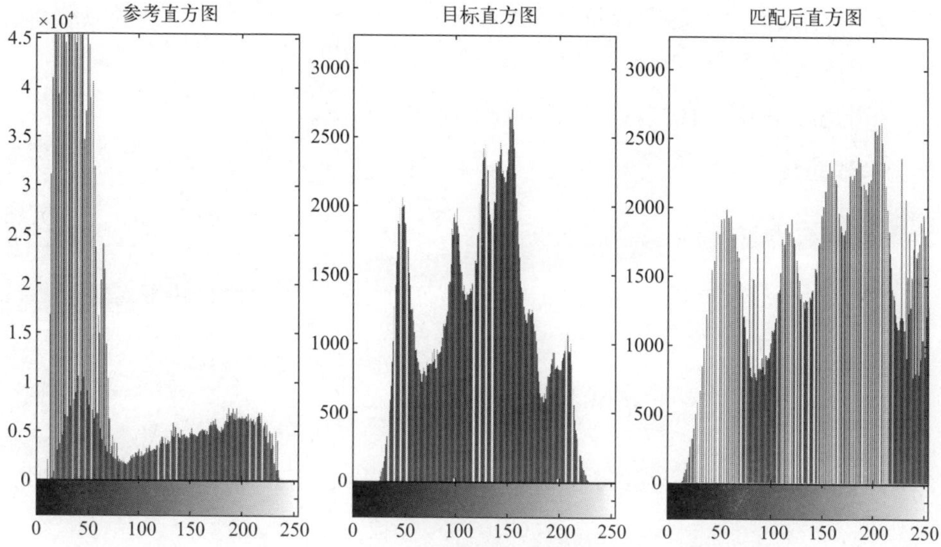

图2-14　直方图对比

以上代码将显示参考图像、待处理图像和匹配后的图像。通过直方图匹配，被匹配图像的对比度和颜色分布将与参考图像更相似。

2.4.3　直方图反转

直方图反转（histogram equalization）是一种通过重新调整图像的像素强度分布来增强图像对比度的图像处理技术。原始图像的像素强度分布通常在特定范围内，但可能存在不均匀的分布。直方图反转可以通过拉伸或压缩原始图像的像素强度范围，将其映射到整个灰度级范围，从而增强图像的对比度和显示细节。直方图反转的一般步骤如下：

① 计算原始图像的直方图：使用灰度图像，计算像素值在不同灰度级之间的频次。

② 计算累积分布函数（CDF）：通过对直方图进行累积求和，得到每个灰度级以下像素的总数量。

③ 归一化映射：通过将CDF归一化到[0,1]范围内，获得每个灰度级对应的映射值。

④ 映射到新的灰度级范围：将归一化的映射值扩展到整个灰度级范围[0,255]，得到直方图反转的映射。

⑤ 应用映射到原始图像：将原始图像中的每个像素值替换为其对应的映射值，从而得到反转后的图像。

在上述过程中，直方图反转的数学计算过程如下。

① 计算累积分布函数（CDF）：

$$CDF(j)=\sum_{i=0}^{j}P(i) \tag{2-5}$$

其中，j表示灰度级；$P(i)$表示灰度级为i的像素占总像素数的概率。

② 归一化映射：

$$MI(j)=(L-1)\frac{GDF(j)-GDF_{\min}}{M\cdot N-GDF_{\min}} \tag{2-6}$$

其中，$MI(j)$表示灰度级j的归一化映射；L表示灰度级范围；M和N分别表示图像的行数和列数；$GDF_{\min}$表示CDF的最小值。

③ 映射到新的灰度级范围：

$$FI(j)=round(MI(j)) \tag{2-7}$$

其中，$FI(j)$表示灰度级j的最终映射值，通过将归一化映射值四舍五入为最接近的整数。

直方图反转是一种常用的图像增强方法，可以改善低对比度的图像并提高图像细节的可见性。它在图像处理、计算机视觉和模式识别等领域有广泛的应用。在Matlab中，可以使用imcomplement函数实现直方图反转。

具体语法如下：

output_img = imcomplement(input_img)

其中，input_img表示输入的图像；output_img表示经过直方图反转后的图像。直方图反转是一种图像处理技术，通过反转图像的灰度级分布来改变图像的对比度和亮度。

用户："使用Matlab进行直方图反转，并显示对应的直方图对比。"

ChatGPT

matlab　　复制　　编辑

```
% 读取图像
img = imread('image.jpg');
```

```
% 将图像转换为灰度图像
grayImg = rgb2gray(img);

% 计算原始图像的直方图
historig = imhist(grayImg);

% 图像的灰度级
levels = 0:255;

% 直方图反转
reversedImg = imcomplement(grayImg);

% 计算反转图像的直方图
histReversed = imhist(reversedImg);

% 显示原始图像和反转后的图像
figure;
subplot(1, 2, 1); imshow(grayImg); title('原图');
subplot(1, 2, 2); imshow(reversedImg); title('反转后图像');

% 显示原始图像和反转图像的直方图
figure;
subplot(2, 1, 1); stem(levels, historig); title('原始直方图');
xlabel('灰度级'); ylabel('像素数量');
subplot(2, 1, 2); stem(levels, histReversed); title('反转后直方图');
xlabel('灰度级'); ylabel('像素数量');
```

在上述代码中，我们先读取一个彩色图像，并将其转换为灰度图像。然后使用imhist函数计算原始图像的直方图，并使用imcomplement函数对图像进行直方图反转。接下来计算反转图像的直方图。然后，使用subplot函数将原始图像和反转图像显示在一个图像窗口中，并使用title函数为每个子图设置标题。最后使用stem函数将原始图像和反转图像的直方图显示在不同的子图中，并使用xlabel函数和ylabel函数设置轴标签。

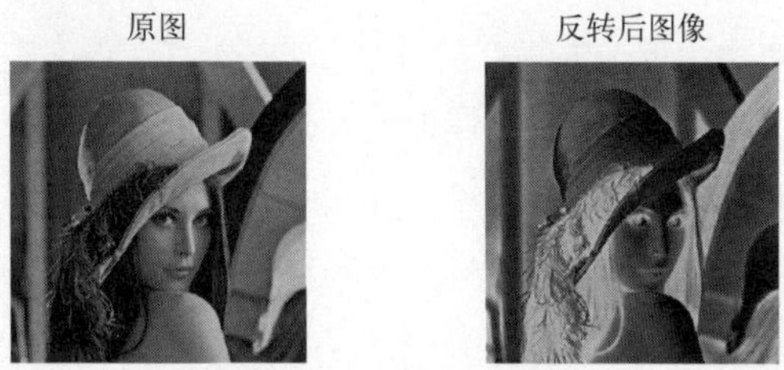

图2-15　直方图反转

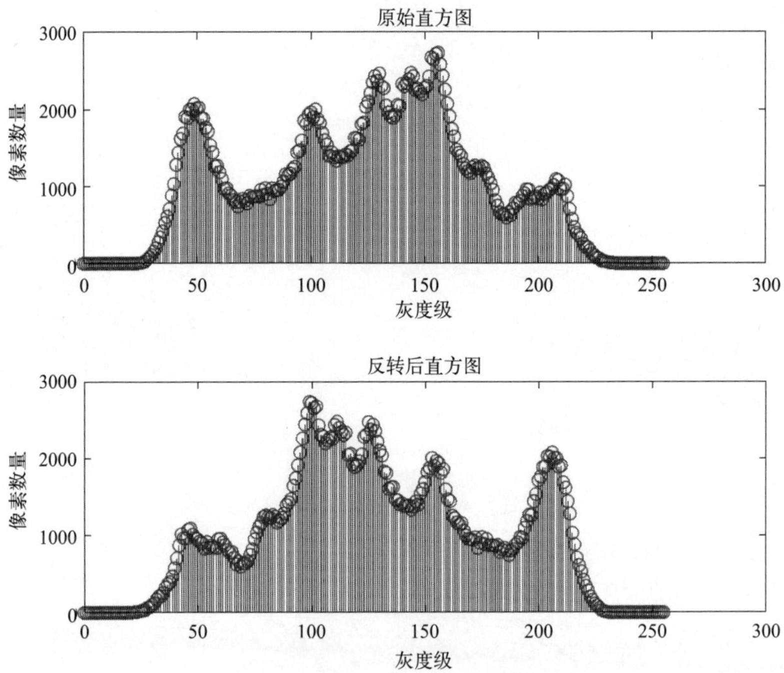

图2-16 反转后直方图

2.5 图像去噪

图像去噪是图像处理中的一个重要任务，旨在从受到噪声污染的图像中恢复出原始的清晰图像。噪声是由各种因素引起的随机干扰，例如传感器噪声、信号传输中的干扰等。在图像去噪中使用不同的滤波算法，可以有效地减小或消除这些噪声，从而提高图像质量。以下是几种常见的图像去噪方法。

2.5.1 中值滤波

中值滤波（median filtering）是一种常用的非线性滤波方法，用于消除图像中的噪声。中值滤波的原理是对图像的每个像素周围的邻域进行排序，并将中值作为该像素的新值，从而抑制噪声的影响。相比于线性滤波方法，中值滤波能够更好地保持图像的边缘和细节。这种操作可以降低受噪声影响的像素值，因为噪声通常被认为是一个随机的干扰信号，与邻域内的其他像素值偏离较大。

对于中值滤波，给定一个大小为（$n \times n$）的滤波窗口，它包含了待处理图像中的一个像素及其邻域。那么中值滤波的数学公式如下：

$$F\_median = median\big(P(i,j)\big) \tag{2-8}$$

其中，F_median表示滤波后的像素值；$P(i,j)$表示滤波窗口内的像素值；$median$表示对$P(i,j)$进行排序并选择中间值的操作。中值滤波的步骤如下：

① 对待处理图像中的每个像素，选择一个合适尺寸的滤波窗口（通常是一个正方形窗口）；

② 将滤波窗口中的所有像素按照灰度值进行排序；

③ 选择排序后的中间值作为该像素的新值；

④ 重复步骤②、③，依次对图像中的所有像素进行处理；

⑤ 最后得到的图像就是经过中值滤波处理后的结果。

中值滤波在图像处理中广泛应用于去除椒盐噪声和脉冲噪声，尤其在低噪声水平下表现良好。它可以应用于各种图像处理任务，包括图像增强、边缘检测、图像恢复等。中值滤波有一些优点，例如简单易于实现、去除噪声效果好、保持图像细节等。但它也存在一些缺点，比如无法处理信号中的高频细节、会降低图像的整体亮度等。

用户："使用Matlab进行中值滤波。"

ChatGPT

```matlab
% 读取带有椒盐噪声的图像
originalImg = imread('原始图像');

% 添加椒盐噪声
saltPepperImg = imnoise(originalImg,'salt & pepper', 0.05);

% 应用中值滤波
filteredImg = medfilt2(saltPepperImg);

% 显示原始图像、加噪图像和滤波后的图像
figure;
subplot(1, 3, 1); imshow(originalImg); title('原图');
subplot(1, 3, 2); imshow(saltPepperImg); title('噪声图像');
subplot(1, 3, 3); imshow(filteredImg); title('滤波后图像');
```

以上代码中，先读取一张带有椒盐噪声的图像，然后使用imnoise函数向图像中添加椒盐噪声，噪声水平为0.05。接下来使用 medfilt2 函数对噪声图像进行中值滤波处理，该函数默认使用3×3的滤波窗口。最后使用subplot函数将原始图像、加噪图像和滤波后的图像显示在一个图像窗口中。

图2-17 中值滤波

2.5.2 高斯滤波

高斯滤波（Gaussian filtering）是一种常用的图像处理技术，用于平滑图像并减小噪声。它基于高斯函数（也称为正态分布），原理是在图像中应用一个高斯核函数，将每个像素的值替换为其周围像素的加权平均值。高斯函数在中心点处取最大值，距离中心点越远，数值越小。这意味着距离中心点越远的像素对中心点的贡献越小。通过这种加权平均的方式，高斯滤波可以减少图像中的高频噪声，并保留图像的边缘信息。

高斯滤波的数学公式如下：

$$G(x,y)=\frac{1}{2\pi\sigma^2}\mathrm{e}^{-\frac{(x-m)^2+(y-n)^2}{2\sigma^2}} \tag{2-9}$$

其中，$G(x,y)$表示坐标为(x,y)的像素点在滤波后的值；m和n是高斯核的中心；σ是标准差。σ越大，高斯分布越平缓，平滑效果越明显。

在应用高斯滤波时，需要将高斯核函数应用在图像的每个像素点上，并计算周围像素与高斯核的加权平均值。通常情况下，高斯滤波会使用一个正方形的高斯核，核的大小决定了平滑的程度。较大的核会导致更强烈的平滑效果，但可能会损失图像的细节。高斯滤波在图像处理中广泛应用，常用于去除图像中的噪声、模糊化图像以及减少图像中的颜色变化。

用户："使用Matlab实现高斯滤波，并显示前后的图像效果对比。"

ChatGPT

matlab　　复制　编辑

```matlab
% 读取原始图像
originalImage = imread('lena.png'); % 更换成你的图片路径

% 添加高斯噪声
noisyImage = imnoise(originalImage, 'gaussian', 0, 0.02);
% 添加均值为0，方差为0.02的高斯噪声

% 定义高斯滤波器
filterSize = 5; % 定义滤波器大小
sigma = 1; % 定义高斯核的标准差
gaussianFilter = fspecial('gaussian', [filterSize, filterSize], sigma);

% 对噪声图像进行高斯滤波
filteredImage = imfilter(noisyImage, gaussianFilter, 'replicate');

% 显示对比效果图
figure;
subplot(1, 3, 1); imshow(originalImage); title('原图');
subplot(1, 3, 2); imshow(noisyImage); title('添加噪声后的图像');
subplot(1, 3, 3); imshow(filteredImage); title('经过高斯滤波后的图像');
```

在这个示例中，先从文件中读取一张原始图像，然后使用imnoise函数给原始图像添加高斯噪声，噪声的均值设置为0，方差设置为0.02。接下来定义了一个高斯核的大小和标准差。使用fspecial函数创建高斯滤波器。最后使用imfilter函数对噪声图像进行高斯滤波。在代码中，使用subplot和imshow函数将原始图像、噪声图像和滤波后的图像显示在同一窗口内进行对比。

图2-18　高斯滤波

2.5.3 小波去噪

小波去噪（wavelet denoising）是一种基于图像在小波变换领域内的稀疏性的图像去噪方法。它利用小波变换的多尺度分析特性，将图像分解为不同频率的子带，在频域上对每个子带进行去噪处理，并通过逆小波变换将去噪后的子带合成为最终的去噪图像。图像通常在小波域内表现出较低频的子带包含主要的图像结构和细节信息，而较高频的子带则包含噪声，通过对小波系数进行阈值处理，可以将噪声系数置零，从而实现图像去噪。

在小波去噪中，常用的数学公式包括：

（1）小波变换公式

小波变换将信号分解成不同尺度（频率）和位置（时间）的小波基函数的线性组合。对于一维信号 $x(t)$，它的连续小波变换（continuous wavelet transform，CWT）公式为：

$$CWT(a,b)=\int x(t)\psi(\frac{t-b}{a})\,\mathrm{d}t \tag{2-10}$$

其中，a 表示尺度参数；b 表示位置参数；$\psi(t)$ 是小波基函数。

（2）小波系数计算公式

在小波变换后，可以得到不同尺度下的小波系数。对于离散小波变换（discrete wavelet transform，DWT），小波系数的计算公式为：

$$c(i,j)=\sum x(k)\psi(\frac{k-2^{j}i}{2^{j+1}}) \tag{2-11}$$

其中，i 表示位置参数；j 表示尺度参数；$\psi(t)$ 是小波基函数。

（3）阈值处理公式

小波去噪的核心步骤是对小波系数进行阈值处理，去除小于阈值的小波系数。常用的阈值处理公式包括硬阈值和软阈值。硬阈值处理，对于小波系数 $c(i,j)$，若其绝对值小于阈值 T，则将其设为0；若绝对值大于等于阈值 T，则保留原值。软阈值处理，对于小波系数 $c(i,j)$，若其绝对值小于阈值 T，则将其设为0；若绝对值大于阈值 T，则减去阈值并保留符号。

在实际应用中，根据具体问题和需求，可能会使用不同的小波基函数、阈值计算方法和阈值选择策略。此外，还可以根据信号特点进行后续信号重构处理，以得到去噪后的信号。其优点是在消除噪声的同时，保持图像的边缘和细节。它适用于各种类型的图像去噪任务，如去除高斯噪声、椒盐噪声、周期性噪声等。

用户："使用Matlab实现小波去噪。"

ChatGPT

```matlab
load noisdopp;
s = noisdopp;
plot(s);
title('原始信号');

[thr, sorh, deepapp, crit] = ddencmp('den', 'wp', s);
[x, wpt, perfe, perf1] = wpdencmp(s, sorh, 3, 'sym6', crit, thr, deepapp);

figure;
plot(x);
title('去噪信号');
```

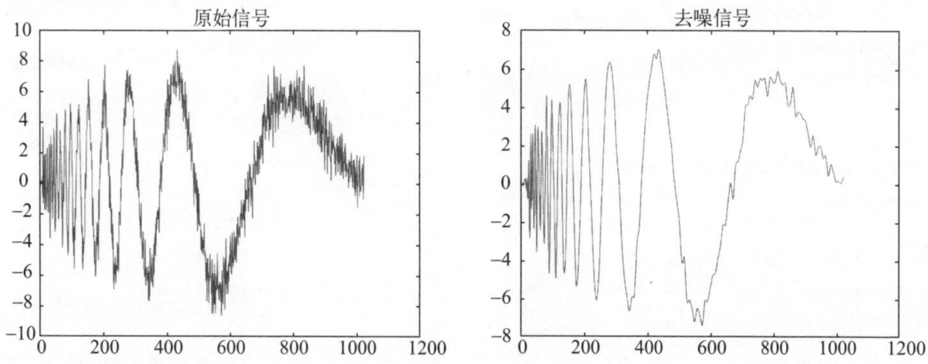

图2-19　小波去噪

2.5.4　K近邻去噪

K近邻去噪（K-nearest neighbor denoising）是一种基于邻近样本的图像去噪方法。该方法寻找与每个像素点邻近的K个像素点，并利用其像素值进行合理的平均或加权平均，以减少噪声的影响。K近邻去噪的步骤如下：

① 定义邻近像素点的范围和选择K的个数；

② 对图像中的每个像素点，找到其邻近的K个像素点；

③ 根据邻近像素点的像素值进行合理的平均或加权平均，得到当前像素点的去噪值；

④ 重复步骤②和步骤③，直到对所有像素点都进行了去噪处理；

⑤ 输出去噪后的图像。

K近邻去噪的优点是简单且易于实现，对于有较大邻域相似像素的图像噪声有较好的去除效果。然而，该方法容易受到图像中噪声与真实图像的相似性的影响，对于噪声和细节较相似的区域可能会存在信息损失的情况。

用户："使用Matlab实现K近邻去噪。"

ChatGPT

```matlab
% 读取原始图像
originalImage = imread('lena.png');

% 添加椒盐噪声，噪声密度为0.05
noisyImage = imnoise(originalImage, 'salt & pepper', 0.05);

% 定义滤波窗口大小和K值
windowSize = 3; % 窗口大小
k = 5; % K值

% 将图像转换为双精度浮点数类型
noisyImage = im2double(noisyImage);

% 复制噪声图像作为滤波后的图像
denoisedImage = noisyImage;

% 使用K近邻滤波
padsize = floor(windowSize / 2);
paddedImage = padarray(noisyImage, [padsize, padsize], 'symmetric');

for row = 1:size(noisyImage, 1)
    for col = 1:size(noisyImage, 2)
        % 获取当前像素周围的窗口
        window = paddedImage(row:row + windowSize - 1, ...
                             col:col + windowSize - 1, :);

        % 将窗口内的像素值按照欧氏距离排序
        centerPixel = window(padsize + 1, padsize + 1, :);
        windowFlat = reshape(window, [], size(window, 3));
```

```
        windowFlat(padsize * windowSize + padsize + 1, :) = []; % 去除中心像素
        distances = sqrt(sum((windowFlat - centerPixel).^2, 2));
        [~, indices] = sort(distances);

        % 使用k个最近邻像素的平均值进行滤波
        denoisedImage(row, col, :) = mean(windowFlat(indices(1:k), :));
    end
end

% 显示对比效果图
figure;
subplot(1, 2, 1); imshow(noisyImage); title('噪声图像');
subplot(1, 2, 2); imshow(denoisedImage); title('去噪图像');
```

图2-20　K近邻去噪

这段代码中，先定义了滤波窗口大小“windowSize”和*K*值“k”。然后将图像转换为双精度浮点数类型，并复制噪声图像作为滤波后的图像。接下来使用嵌套的循环遍历图像中的每个像素，对每个像素的周围窗口进行K近邻搜索。窗口内的像素按照欧氏距离与当前像素进行排序，然后选择*K*个最近邻像素的平均值作为滤波后的像素值。最后显示原始图像和滤波后的图像。

2.6　小结

本章主要介绍了图像的基本操作。包括图像的读取与存储，涉及将图像从文件中读取出来并保存到指定位置；图像的点运算，包括灰度变换和像素阈值处理，其中灰度变换用于改变图像的亮度和对比度，像素阈值处理用于将图像

转为二值图像；图像的几何变换，包括图像旋转、平移、缩放、翻转，用于改变图像的大小、形状和角度等；直方图处理，包括直方图均衡化、直方图匹配、直方图反转、直方图规定化，用于调整图像的对比度和分布；图像去噪方法，包括中值滤波、高斯滤波、小波去噪和K近邻去噪，用于降低图像中的噪声。

第 3 章
图像分割

当今，人工智能技术在计算机视觉领域中的应用已经取得了重要的进展，其中图像分割得到了广泛的应用和关注。图像分割是一种计算机视觉领域的技术，它的目标是将数字图像划分为不同的区域或对象，以实现对图像的语义理解和分析。图像分割通过将像素分组或分类，将属于同一对象或具有相似特征的像素分配到同一区域，从而实现对图像中不同区域的识别和提取。ChatGPT是目前最先进的自然语言处理模型之一，它不仅能够生成高质量的文本，还可以用于图像分割领域。本章将讨论基于ChatGPT的图像分割方法，包括对边缘提取的不同算子、区域分割的不同算法以及在实际应用中的表现。

3.1 边缘提取

边缘提取是图像处理的一项重要任务，其目标是在图像中提取出物体或区域之间的边界或边缘。边缘是指图像中灰度、颜色或纹理等特征发生突变或具有强度变化的区域，通常表示不同物体之间的界限。边缘提取可以帮助我们分析图像的结构和特征，用于目标检测、图像分割、图像识别等。常见的边缘提取算法包括基于梯度的方法，如Sobel、Prewitt和Canny算子，以及基于模型或机器学习的方法，如基于角点检测和线性回归的方法。在边缘提取中，常见的处理步骤包括图像平滑、梯度计算、非极大值抑制和双阈值检测等。图像平滑可以减少噪声的影响，梯度计算用于寻找图像中的灰度变化，非极大值抑制用于提取边缘中的局部最大值，而双阈值检测可以确定真正的边缘像素。边缘提取是图像处理中一项基础而关键的技术，对于进一步的图像分析和处理有着重要的作用。下面就逐一地介绍几种常用的边缘提取算子，在学习具体算子的时候，强烈希望读者将各种算子用于各种自然图像进行实现，并对各种边缘提取结果进行直观上的比较，从而对算子进行全面的、清晰的认识。

3.1.1 Roberts算子

Roberts算子是一种基于梯度的边缘检测算子，用于图像中边缘的提取。它是由Lawrence Roberts于1963年提出的。它通过计算图像中相邻像素之间的差异来检测边缘。该算子使用两个3×3的模板，分别是水平方向的模板G_x和垂直方向的模板G_y。这两个模板如下：

$$G_x = \begin{bmatrix} 1 & 0 & 0 \\ 0 & -1 & 0 \\ 0 & 0 & 0 \end{bmatrix} \qquad G_y = \begin{bmatrix} 0 & 0 & 0 \\ 0 & -1 & 0 \\ 0 & 0 & 1 \end{bmatrix}$$

其中，正值表示权重为+1，负值表示权重为−1，0表示权重为0。将这两个模板分别应用到图像的相邻像素上，并计算得到差异，可以获得图像中水平和垂直方向的边缘强度。

Roberts算子的边缘检测过程如下：

① 在原始图像上应用$\boldsymbol{G}_x$模板，计算每个像素点的梯度值。

② 在原始图像上应用$\boldsymbol{G}_y$模板，计算每个像素点的梯度值。

③ 计算每个像素点的边缘强度，即将$\boldsymbol{G}_x$和$\boldsymbol{G}_y$计算的梯度结果进行平方和开方。

④ 根据设定的阈值，将边缘强度大于阈值的像素点标记为边缘点。

Roberts算子在实现上比较简单，但在噪声较多的图像中容易受到干扰。因此，通常需要结合其他平滑滤波器（如高斯滤波）进行预处理，以减少噪声的影响。此外，Roberts算子产生的边缘结果较薄，检测到的边缘像素仅有一个像素宽，可能需要进行后续的边缘增强或细化处理。

总的来说，Roberts算子是边缘检测中的一种基础算子，它通过计算相邻像素的差异来寻找图像中的边缘。虽然有其局限性，但在一些简单场景下仍然具有一定的应用价值。下面是一个简单的应用例子。

用户："请你写出在Matlab中使用Roberts算子对图片进行边缘检测的代码，并且保存结果图像，图片地址为'C:\Users\图片1.png'，原始图像为灰度图。"

ChatGPT

```
% 读取图像
img = imread('C:\Users\图片1.png');

% 如果是彩色图像，转换为灰度图像
if size(img, 3) == 3
    img_gray = rgb2gray(img);
else
    img_gray = img;
end

% 使用Roberts算子进行边缘检测
edge_roberts = edge(img_gray, 'roberts');
```

```

% 创建一个新图窗并并排显示图像
figure;
subplot(1,2,1);
imshow(img_gray);
title('原始灰度图像');

subplot(1,2,2);
imshow(edge_roberts);
title('Roberts边缘检测结果');

% 保存边缘检测图像
imwrite(edge_roberts, 'C:\Users\图片1_roberts_edge.png');

```

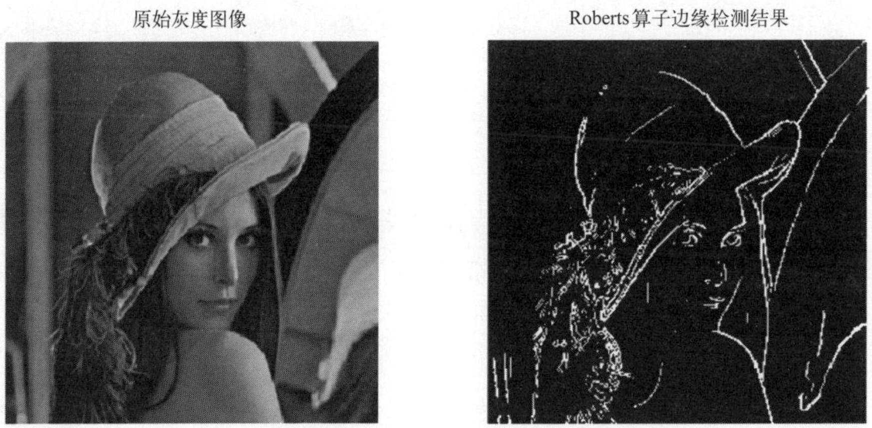

图3-1　效果展示

3.1.2 Sobel算子

Sobel算子是一种边缘检测算子，常被用于计算机视觉及数字图像处理领域。Sobel算子可以检测出图像中不同方向（通常为水平和垂直）的边缘。

① Sobel算子通过对像素进行卷积运算，计算出每个像素点周围的灰度梯度，从而确定图像中的边缘。其卷积核一般为3×3的矩阵，分别包括一个水平核和一个垂直核。这两个核的形式如下：

$$\boldsymbol{G}_x=\begin{bmatrix}-1 & 0 & 1\\ -2 & 0 & 2\\ -1 & 0 & 1\end{bmatrix},\quad \boldsymbol{G}_y=\begin{bmatrix}-1 & -2 & -1\\ 0 & 0 & 0\\ 1 & 2 & 1\end{bmatrix}$$

对于图像中任意一个像素$I(x,y)$，Sobel算子在该位置对应的图像像素值为：

$$G(x,y)=\sqrt{G_x(x,y)^2+G_y(x,y)^2}$$

其中，$G_x(x, y)$ 和 $G_y(x, y)$ 表示该像素点周围像素值的水平和垂直梯度大小，表示计算平方和开方。两个卷积核的作用是可以得到水平和垂直两个方向的梯度信息。

② 具体应用Sobel算子进行边缘检测的步骤如下：

将输入图像转化为灰度图像（如果不是灰度图像的话）。

分别用 $\boldsymbol{G}_x$ 和 $\boldsymbol{G}_y$ 模板对灰度图像进行卷积操作。对于每个像素点，计算其与周围像素点的加权差值。

计算水平方向和垂直方向上的差分值。可以通过将 $\boldsymbol{G}_x$ 和 $\boldsymbol{G}_y$ 模板与图像进行卷积操作并求和来得到差分值。

根据差分值计算每个像素点的梯度强度和梯度方向。可以使用：

梯度强度公式：Gradient Magnitude = sqrt(Gx2+ Gy2)。

梯度方向公式：Gradient Direction = arctan(Gy / Gx)。

可以根据需要进一步处理梯度强度，例如进行非最大值抑制来细化边缘。

③ 下面就根据以上步骤由ChatGPT给出代码实现功能。

用户：“请你写出在Matlab中使用Sobel算子对图片进行边缘检测的代码，并且保存梯度强度和梯度方向两种图像，图片地址为‘C:\Users\图片1.png’，原始图像为灰度图。”

ChatGPT

```
% 读取灰度图像
gray_img = imread('C:\Users\图片1.png');

% 如果不是灰度图像则转换
if size(gray_img, 3) == 3
    gray_img = rgb2gray(gray_img);
end

% 使用Sobel算子进行边缘检测
sobel_img = edge(gray_img, 'Sobel');

% 使用imgradient计算梯度强度和方向（单位：方向为角度制）
[gradient_magnitude, gradient_direction] = imgradient(gray_img, 'Sobel');

% 显示原始图像、边缘检测结果、梯度强度和梯度方向
```

```
figure;

% 原始图像
subplot(1, 3, 1);
imshow(gray_img);
title('原始图像');

% 梯度强度
subplot(1, 3, 2);
imshow(gradient_magnitude, []);
title('梯度强度');

% 梯度方向（角度范围从 -180 到 180）
subplot(1, 3, 3);
imshow(gradient_direction, [-180, 180]);
colormap(gca, jet); colorbar;
title('梯度方向');

% 保存图像
imwrite(sobel_img, 'C:\Users\图片1_Sobel边缘检测结果.png');
imwrite(mat2gray(gradient_magnitude), 'C:\Users\图片1_Sobel梯度强度图像.png');
imwrite(mat2gray(gradient_direction), 'C:\Users\图片1_Sobel梯度方向图像.png');

```

图3-2　效果展示

一般来说，Sobel边缘主要是指基于梯度强度的结果，因为其同时综合了梯度方向（水平和垂直）两方向上的信息。

通过计算图像中每个像素的梯度信息，Sobel算子可以得到图像中的边缘信息，通常用于图像分割、目标检测等计算机视觉任务中。在Sobel算子的基础上，还有一些改进算子如Scharr算子和Prewitt算子等，它们也都是基于微分的边缘检测算法，用于提取图像中的边缘信息。

3.1.3 Prewitt算子

Prewitt算子是一种常用的边缘检测算子，用于计算机视觉和数字图像处理领域。它是一种离散卷积算子，用于寻找图像中的水平和垂直边缘。

① Prewitt算子主要是利用矩阵卷积的方式计算图像中对应像素的梯度，从而检测出图像中的边缘信息。它使用两个3×3的卷积核，分别对水平和垂直方向的像素进行卷积，计算出每个像素点的梯度大小和方向。

下面是Prewitt算子的两个卷积核：

$$\boldsymbol{G}_x=\begin{bmatrix}-1 & 0 & 1\\ -1 & 0 & 1\\ -1 & 0 & 1\end{bmatrix}，\boldsymbol{G}_y=\begin{bmatrix}-1 & -1 & -1\\ 0 & 0 & 0\\ 1 & 1 & 1\end{bmatrix}$$

对于图像中任意一个像素$I(x,y)$，Prewitt算子在该位置对应的图像像素值为：

$$G(x,y)=\sqrt{G_x(x,y)^2+G_y(x,y)^2}$$

其中，$G_x(x,y)$和$G_y(x,y)$表示该像素点周围像素值的水平和垂直梯度大小，表示计算平方和开方。Prewitt算子通过对图像中每个像素点进行卷积运算，得到图像中每个像素的梯度信息，从而得到图像的边缘信息。

② 算法的实现过程如下：

如果原始图像是彩色的，将图像转换为灰度图像，将灰度图像与水平或垂直Prewitt算子进行卷积操作；对卷积结果取绝对值，以保证边缘的正负性不会影响最终结果；对卷积结果进行缩放，以便将值映射到0～255的灰度范围内；根据阈值来判断边缘的存在与否，通常边缘的幅值越大，代表边缘越明显。

③ 下面就根据以上步骤由ChatGPT给出相应代码：

用户：“请你写出在Matlab中使用Prewitt算子对图片进行边缘检测的代码，并且保存结果图像，图片地址为‘C:\Users\图片1.png’，原始图像为彩色图。”

ChatGPT

```
% 读取原始彩色图像
originalImage = imread('C:\Users\图片1.png');

% 使用 Prewitt 算子进行边缘检测（先转为灰度图）
edgeImage = edge(rgb2gray(originalImage), 'prewitt');

% 显示原始图像和边缘检测结果
```

```
figure;
subplot(1, 2, 1);
imshow(originalImage);
title('原始彩色图像');

subplot(1, 2, 2);
imshow(edgeImage);
title('Prewitt 算子边缘检测结果');

% 保存边缘检测结果图像
imwrite(edgeImage, 'C:\Users\图片1_Prewitt边缘检测结果.png');

```

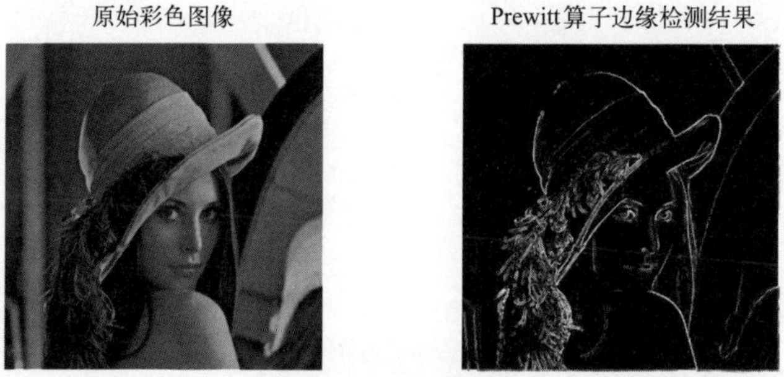

图3-3 效果展示

与Sobel算子类似，Prewitt算子也常用于图像分割、目标检测等计算机视觉任务中。Prewitt算子在检测边缘方向不敏感的情况下与Sobel算子等检测方向敏感的算子相比表现相对欠佳，但其运算速度更快。

3.1.4 Laplacian算子

Laplacian算子是一种常用的边缘检测算子，用于计算机视觉和数字图像处理领域。它可以检测出图像中的边缘和角点等高频变化的信息。

① Laplacian算子可以使用二阶导数的形式表示。常见的二维离散Laplacian算子表达式如下：

$$\nabla^2 I = \frac{\partial^2 I}{\partial x^2} + \frac{\partial^2 I}{\partial y^2}$$

其中，$\frac{\partial^2 I}{\partial x^2}$ 和 $\frac{\partial^2 I}{\partial y^2}$ 分别表示图像在水平和垂直方向上的二阶导数；$\nabla^2 I$ 表示二者之和。

在数值计算中，可以使用一个3×3或5×5的卷积核来逼近Laplacian算子，如下所示：

$$\begin{bmatrix}0 & 1 & 0\\1 & -4 & 1\\0 & 1 & 0\end{bmatrix} \text{或} \begin{bmatrix}0 & 0 & -1 & 0 & 0\\0 & -1 & -2 & -1 & 0\\-1 & -2 & 16 & -2 & -1\\0 & -1 & -2 & -1 & 0\\0 & 0 & -1 & 0 & 0\end{bmatrix}$$

对于图像中的每个像素，可以通过将卷积核与其周围的像素进行卷积来计算Laplacian算子的逼近值。通过计算图像中每个像素点的Laplacian值，可以检测出图像中的边缘和角点等高频变化的信息。

② Laplacian算子的实现可以通过以下步骤进行：

a. 将彩色图像转换为灰度图像，可以通过使用合适的颜色空间转换函数（如RGB到灰度转换）实现。

b. 对于灰度图像，可以使用一个3×3的Laplacian卷积核（模板）进行卷积操作。卷积操作可以通过应用卷积核的九个元素与图像中对应像素及其周围像素的乘积和进行计算。

c. 为了避免出现边界效应，可以通过在图像周围填充一圈像素（通常使用常数填充）来扩展图像的大小。这将确保卷积操作能够在整个图像上进行。

d. 对于每个像素，将其周围的9个像素与Laplacian卷积核的对应元素相乘，并对结果求和。这将得到该像素的Laplacian响应值。

e. 对于得到的Laplacian响应图像，可以通过应用适当的阈值进行二值化，以便提取出边缘部分。阈值可以根据需要进行调整。

f. 可以根据需要，对二值化后的边缘图像进行进一步的后处理，例如去除小的边缘区域或进行形态学操作来改善边缘的连续性和质量。

需要注意的是，Laplacian算子对图像中的噪声比较敏感。为了得到更好的结果，通常需要在应用Laplacian算子之前对图像进行平滑处理，例如使用高斯滤波器来减小噪声的影响。

③ 下面就根据以上步骤由ChatGPT给出代码实现功能：

用户："请你写出在Matlab中使用Laplacian算子对图片进行边缘检测的代码，并且保存结果图像，图片地址为'C:\Users\图片1.png'，原始图像为灰度图。"

ChatGPT

```
% 读取原始灰度图像
originalImage = imread('C:\Users\图片1.png');

% 若图像为彩色，需转为灰度图像（可选）
if size(originalImage, 3) == 3
    originalImage = rgb2gray(originalImage);
end

% 使用 Laplacian of Gaussian（LOG）算子进行边缘检测
edgeImage = edge(originalImage, 'log');

% 显示原始图像和边缘检测结果
figure;
subplot(1, 2, 1);
imshow(originalImage);
title('原始灰度图像');

subplot(1, 2, 2);
imshow(edgeImage);
title('Laplacian 算子边缘检测结果');

% 保存边缘检测结果图像
imwrite(edgeImage, 'C:\Users\图片1_Laplacian边缘检测结果.png');

```

图3-4　效果展示

Laplacian算子在二阶微分的基础上，具有检测图像中高频变化信息的能力，但其对噪声敏感，处理图像的效果常受到噪声的影响，在实际场景中，经常需要与其他算子结合使用来提高性能。

3.1.5 Canny算子

Canny算子是一种常用的边缘检测算子，能够准确检测出图像中的真实边缘，而不是误检测为像素值变化较大的区域。Canny算子的主要思想是通过多次滤波和非极大值抑制来锐化边缘，并利用双阈值检测来提高边缘检测的精度和鲁棒性。

（1）Canny算子实现涉及的一些矩阵和公式

① 高斯滤波器：Canny算子首先应用高斯滤波器对图像进行平滑处理，以减小噪声。高斯滤波器的核可以用以下矩阵表示：

$$\text{Gaussian kernel:}\quad \begin{bmatrix} \frac{1}{16} & \frac{1}{8} & \frac{1}{16} \\ \frac{1}{8} & \frac{1}{4} & \frac{1}{8} \\ \frac{1}{16} & \frac{1}{8} & \frac{1}{16} \end{bmatrix}$$

② 梯度计算：Canny算子计算图像的梯度，以便找到边缘的强度和方向。通常使用Sobel算子来计算图像在水平和垂直方向上的梯度。这两个算子可以表示为以下矩阵：

$$\text{Sobel X:}\quad \begin{bmatrix} -1 & 0 & 1 \\ -2 & 0 & 2 \\ -1 & 0 & 1 \end{bmatrix} \qquad \text{Sobel Y:}\quad \begin{bmatrix} -1 & -2 & -1 \\ 0 & 0 & 0 \\ 1 & 2 & 1 \end{bmatrix}$$

③ 非最大抑制：非最大抑制算法通过比较梯度方向上的强度值来细化边缘。它使用以下计算公式：

如果（渐变方向为0°）当前像素的梯度强度大于东西方向上的像素，则保留该像素。

如果（渐变方向为45°）当前像素的梯度强度大于东北方向和西南方向上的像素，则保留该像素。

如果（渐变方向为90°）当前像素的梯度强度大于南北方向上的像素，则保留当前像素。

如果（渐变方向为135°）当前像素的梯度强度大于西北方向和东南方向上的像素，则保留该像素。

④ 双阈值处理：Canny算子使用双阈值来确定真实的边缘。通常设置一个高阈值和一个低阈值。具体阈值的选择根据应用而定。

⑤ 边缘连接：边缘连接算法将弱边缘与强边缘进行连接，形成完整的边缘线。

（2）Canny算子的实现过程

① 将彩色图像转换为灰度图像。

② 对灰度图像应用高斯滤波器来降低噪声。高斯滤波器通过对每个像素及其周围像素进行加权平均来实现平滑效果。

③ 计算图像的梯度强度和方向。这可以通过应用Sobel（或其他）算子来计算图像在水平和垂直方向上的梯度。

④ 应用非最大抑制（non-maximum suppression）来细化边缘。对于每个像素，将其梯度方向上的强度与相邻像素进行比较，保留局部最大值像素，而将其他像素置为零。

⑤ 通过使用双阈值处理来确定真实的边缘。将像素划分为强边缘、弱边缘和非边缘三个类别。根据设定的高阈值和低阈值，将像素分类为强边缘或非边缘。对于低于高阈值但高于低阈值的像素，根据其与强边缘的连接性进一步决定是否将其分类为弱边缘。

⑥ 应用边缘连接算法，例如使用霍夫变换来连接弱边缘，以生成完整的边缘线。

Canny算子的主要优点是能够提供精确而准确的边缘检测结果，并且对噪声具有一定的鲁棒性。该算法选择合适的阈值可以在不同的图像和应用场景中进行优化。

（3）由ChatGPT给出代码实现功能

用户：“请你写出在Matlab中使用Canny算子对图片进行边缘检测的代码，并且保存结果图像，图片地址为‘C:\Users\图片1.png’，原始图像为灰度图。”

ChatGPT

```
% 读取原始灰度图像
originalImage = imread('C:\Users\图片1.png');

```

```
% 如果图像是彩色的，转为灰度图像（可选）
if size(originalImage, 3) == 3
    originalImage = rgb2gray(originalImage);
end

% 使用 Canny 算子进行边缘检测
edgeImage = edge(originalImage, 'Canny');

% 显示原始图像和边缘检测结果
figure;
subplot(1, 2, 1);
imshow(originalImage);
title('原始灰度图像');

subplot(1, 2, 2);
imshow(edgeImage);
title('Canny 算子边缘检测结果');

% 保存边缘检测结果图像
imwrite(edgeImage, 'C:\Users\图片1_Canny边缘检测结果.png');

```

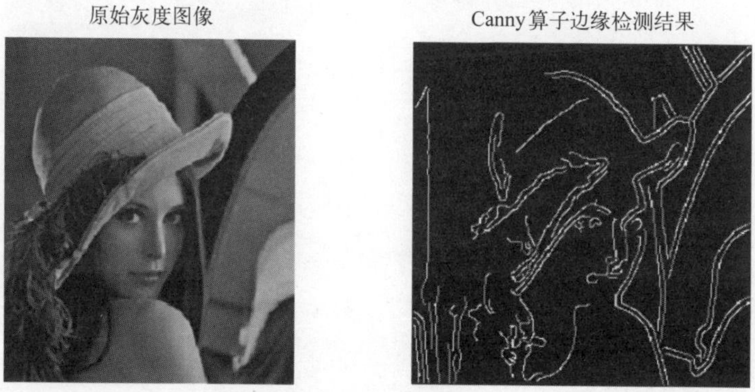

图3-5 效果展示

Canny算子能够有效抑制噪声、提高边缘检测的准确性和可靠性，但是需要对高斯滤波和阈值等参数进行适当调整，以适应不同的图像场景。

3.1.6 不同算子对比

到此，我们已经给出了5种边缘提取算子，并给出了各自的提取结果实例，下面我们将对同一幅图的不同算子边缘提取结果进行集中展示与比较，如图3-6所示。

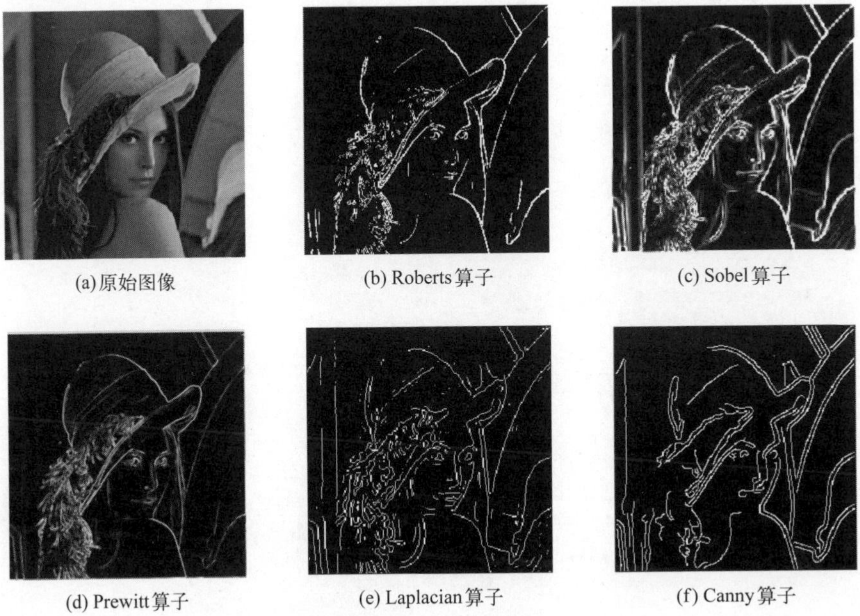

(a)原始图像　(b) Roberts算子　(c) Sobel算子

(d) Prewitt算子　(e) Laplacian算子　(f) Canny算子

图3-6　效果对比

通过对图3-6六个图的观察，可以发现不同边缘提取算子的如下特点：

Roberts算子：是一个二维滤波器，具有明确的方向性，可以分别检测图像中的水平和垂直边缘。这种方向性使得Roberts算子在特定方向上的边缘检测任务中表现良好。

Sobel算子：实质上是对图像进行一阶导数的近似。这样的近似使得Sobel算子在边缘检测中表现相对较好，尤其是对于灰度渐变较为平缓的边缘。

Prewitt算子：响应值范围没有做归一化处理。它的响应值通常是原始像素值的线性组合，可以超过像素强度范围，需要根据具体应用进行后续处理。

Laplacian算子：通过计算图像的二阶导数来检测边缘。这使得它对于检测边缘的强度变化更敏感，因为二阶导数对强度变化更为直接。因此，Laplacian算子可以更好地捕捉到边缘的细节和亮度变化。

Canny算子：在边缘检测时并不具备明确的方向性。它通过计算边缘像素的梯度方向，将边缘分为垂直和水平两个方向。

3.2 区域分割

区域分割是数字图像处理中的一项重要任务，它是将图像中的像素划分为具有相似特征或语义的区域的过程。区域分割旨在将图像分解为容易理解和处理的更小的部分，以便进行进一步的图像分析、计算机视觉任务或信息提取。具体来说，区域分割的目标是将图像中的像素划分为几个不相交的区域或者对象，这些区域或对象在空间上连续且具有相似的特征。这些特征可能包括颜色、纹理、形状、灰度级别等图像属性。通过区域分割，我们可以得到图像中的每个区域的特征或属性，从而便于进一步的分析和处理。

区域分割可以用于许多图像处理和计算机视觉任务中，例如目标检测、图像分析、图像增强、图像分割、图像合成等。它在医学图像分析、机器人视觉、自动驾驶、图像检索等领域都具有重要的应用价值。区域分割方法有许多种，包括基于阈值的分割、基于边缘的分割、基于区域增长的分割、基于图割的分割、基于深度学习的分割等。下面详细介绍几种常用的区域分割方法，分别为区域生长算法、分水岭算法、K-means聚类算法、OTSU阈值算法、基于形态学的分割算法。这几种算法在这里介绍的原因，主要是它们解决问题的思路各不相同，适用于不同的图像特点和应用场景，有利于读者在学习完这部分后能够选择合适的方法进行图像分割，达到举一反三的效果。

3.2.1 区域生长算法

区域生长算法是图像处理中常用的一种基于像素相似性的区域分割方法。该算法从一个或多个种子点开始，逐渐生长形成区域，将具有相似特征的像素逐步合并到同一个区域中。区域生长算法的基本思想是通过比较相邻像素的灰度值或其他特征来决定是否将其合并到当前区域。

（1）算法原理

① 选择种子点：算法的第一步是选择一个或多个种子点作为起始点，通常由用户手动选择或根据一些预定义的条件进行选择。

② 定义生长准则：选择生长准则来确定像素是否属于同一区域。通常，生长准则基于像素之间的相似性度量，如颜色、灰度值、纹理等。

③ 生长过程：从种子点开始进行生长，依次考察与当前区域相邻的像素。根据生长准则，判断邻域像素是否属于当前区域。如果符合条件，将该像素添

加到当前区域，并继续在其基础上生长。这个过程重复进行，直到不再有满足条件的像素加入区域中。

④ 迭代控制：为了控制生长的停止，可以设置一些停止准则，如达到一定的区域大小、像素相似性阈值等。当达到停止准则时，生长过程结束。

⑤ 后处理：根据需要，可以对所得到的分割结果进行后处理，如去除小连通区域、边缘平滑等。

（2）区域生长算法的实现过程

① 种子点选择：首先选择一个或多个作为种子点的像素。一般情况下，种子点可以通过手动指定或根据预定义的规则选择。

② 相似性判断：从种子点开始，逐步扩展当前区域。对于待扩展的每个像素，计算其与当前区域内像素的相似度。相似度通常基于像素灰度值之间的差异或其他特征，例如颜色或纹理。

③ 区域合并：如果待扩展的像素与当前区域内的像素足够相似，则将其合并到当前区域中，并继续向外扩展。可以使用递归、循环或队列等方法来处理区域的生长过程。

④ 停止条件：区域生长过程直到满足停止条件为止。停止条件可以是达到预设的像素数目、达到一定的相似度阈值、超过边界或其他定义的规则。

（3）由ChatGPT给出代码实现功能

用户：“请你写出在Matlab中实现的区域生长算法区域分割，并且保存结果图像，图片地址为‘C:\Users\图片1.png’，原始图像为灰度图。”

ChatGPT

```
% 读取灰度图像
grayImage = imread('C:\Users\图片1.png');

% 如果图像是彩色，转换为灰度（可选）
if size(grayImage, 3) == 3
    grayImage = rgb2gray(grayImage);
end

% 设置种子点（手动指定，也可以后续拓展为交互式选择）
seedRow = 100;  % Y坐标
seedCol = 100;  % X坐标
seedValue = double(grayImage(seedRow, seedCol));
```

```
% 设置灰度差阈值（区域增长的条件）
threshold = 10;

% 初始化标记矩阵
[rows, cols] = size(grayImage);
segmented = false(rows, cols);
segmented(seedRow, seedCol) = true;

% 初始化处理队列
queue = [seedRow, seedCol];

% 区域生长
while ~isempty(queue)
    [y, x] = deal(queue(1,1), queue(1,2));
    queue(1,:) = [];  % 出队

    % 遍历邻域（8连通）
    for i = -1:1
        for j = -1:1
            ny = y + i;
            nx = x + j;

            % 边界判断 + 未访问判断
            if ny >= 1 && ny <= rows && nx >= 1 && nx <= cols && ~segmented(ny, nx)
                pixelValue = double(grayImage(ny, nx));
                if abs(pixelValue - seedValue) <= threshold
                    segmented(ny, nx) = true;
                    queue(end+1, :) = [ny, nx];  % 入队
                end
            end
        end
    end
end

% 转换逻辑矩阵为图像格式
segmentedImage = uint8(segmented) * 255;

% 显示原图和分割结果
figure;
subplot(1, 2, 1);
imshow(grayImage);
title('原始图像');

subplot(1, 2, 2);
imshow(segmentedImage);
title('分割图像');

% 保存图像
imwrite(segmentedImage, 'C:\Users\图片1_分割图像.png');
```

原始图像

分割图像

图3-7　效果展示

区域生长算法的优点是简单直观，可以准确分割具有相似特征的区域。然而，它也存在一些挑战，例如对噪声敏感、处理边界不清晰等。因此，在应用区域生长算法时，可能需要进行参数调整或结合其他分割方法来增强其效果。

3.2.2　分水岭算法

分水岭算法（watershed algorithm）是一种图像分割算法，用于将图像分割成不同的区域或对象。它基于图像中的灰度梯度和水流模拟的概念。

算法的主要思想是将图像中的灰度值看作是地形的高度，低灰度值对应于低地，高灰度值对应于高地。通过在图像中放置水滴，让水滴从最低的地方开始，逐渐向周围的低地流动，最终形成连通的低地区域。这些低地区域之间的边界即为图像的分割结果。

（1）算法原理

① 梯度图像计算：

$$\nabla I=\left|\frac{\partial I}{\partial x}\right|+\left|\frac{\partial I}{\partial y}\right|$$

其中，I 是输入图像；∇I 是梯度图像，$\frac{\partial I}{\partial x}$ 和 $\frac{\partial I}{\partial y}$ 分别是图像在水平和垂直方向上的梯度。

② 种子点选择：在梯度图像中找到局部最大值作为种子点，可以使用局部极大值检测算法或者应用非极大值抑制来实现。

③ 洪泛填充：从种子点开始对图像进行洪泛填充，模拟水流的传播。水从最低的地方开始流动，并在遇到局部最小值（低地）时停止。

（2）分水岭算法的基本步骤

① 计算图像的梯度图像，可以通过应用梯度算子（如Sobel、Prewitt等）或梯度滤波器来获得图像的梯度幅值。

② 在梯度图像的峰值处创建种子点，这些种子点代表图像中的不同区域或对象。

③ 利用漫水填充算法（flood fill）或水流模拟算法，从种子点开始模拟水的流动，让水从最低的地方开始流向周围的低地，直到水满足不同种子点的边界为止。

④ 在水流过程中，水流汇聚的地方即为图像中的物体边界，水流没有到达的地方即为不同的区域。

⑤ 对水流汇聚的地方进行分割，形成图像的分割结果。

（3）根据以上步骤给出的ChatGPT生成代码的实例

用户：“请你写出在Matlab中实现分水岭算法进行区域分割，并且保存结果图像，显示原始图像、彩色分水岭标签矩阵图、透明叠加的彩色图三种图像。图片地址为‘C:\Users\图片1.png’，原始图像为灰度图。”

ChatGPT

```
% 读取灰度图像
img = imread('C:\Users\图片1.png');

% 确保图像为灰度图
if size(img, 3) == 3
    img = rgb2gray(img);
end

% 使用分水岭算法进行分割
% 计算梯度图像
gradientImg = imgradient(img);

% 应用分水岭变换
L = watershed(gradientImg);

% 创建彩色标签图（分水岭结果）
L_rgb = label2rgb(L);

% 显示原始灰度图像
```

```
figure;
subplot(1, 3, 1);
imshow(img);
title('原始灰度图像');

% 显示彩色分水岭标签矩阵图
subplot(1, 3, 2);
imshow(L_rgb);
title('彩色分水岭标签矩阵');

% 显示透明叠加的彩色图
subplot(1, 3, 3);
% 创建透明背景的彩色图
overlay = imfuse(img, L_rgb, 'blend', 'Scaling', 'joint');
imshow(overlay);
title('透明叠加彩色图');

% 保存结果图像
imwrite(L_rgb, 'C:\Users\waterShed_output.png');
imwrite(overlay, 'C:\Users\overlay_output.png');

```

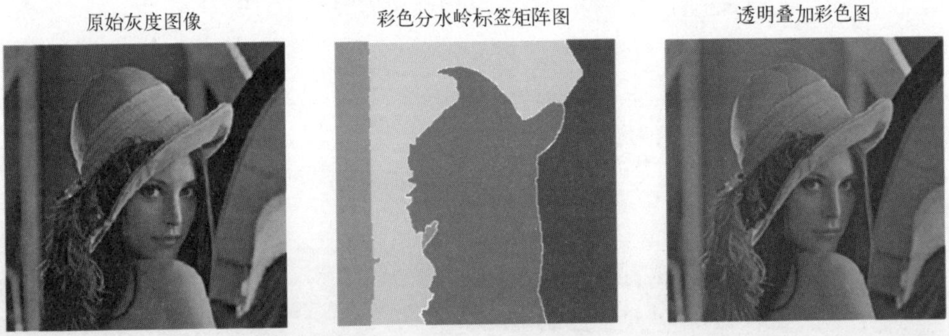

图3-8 效果展示

需要注意的是，分水岭算法可能会产生过度分割或欠分割的问题，需要结合其他技术或算法进行后处理，以获得更准确的分割结果。

3.2.3 K-means聚类算法

K-means聚类算法是一种常用的无监督学习算法，用于将相似的数据点分成具有相同特征的不同组或簇，它基于数据点之间的距离来划分簇，将数据点划分到与其最近的聚类中心所属的簇。该算法的目标是通过最小化数据点与其所属簇中心的平方距离之和来对数据进行聚类。

（1）算法原理

首先需要选择K个初始聚类中心点，可以是随机选择或手动指定。这些初始中心点可以是数据集中的随机点或是根据某些先验知识选择的重要点；对于数据集中的每个样本，计算其与各个聚类中心的距离，并将样本分配给距离最近的聚类中心。距离通常使用欧氏距离或曼哈顿距离来度量；在分配样本后，重新计算每个聚类中心的位置。通过计算每个聚类中的样本的平均值来确定新的聚类中心位置；重复进行，直到聚类中心不再发生变化或达到预定义的停止准则；根据算法最终收敛的结果，将数据集分配到K个不同的聚类中心中，得到最终的聚类结果。

（2）K-means算法实现过程的基本步骤

① 初始化聚类中心：确定需要聚类的数据点数量K，并随机选择K个数据点作为初始的聚类中心。

② 分配数据点到最近的聚类中心：对于每个数据点，计算其与每个聚类中心之间的距离，并将数据点分配到距离其最近的聚类中心所属的簇。

③ 更新聚类中心：对于每个簇，计算该簇中所有数据点的平均值，并将平均值作为新的聚类中心。

④ 重复步骤②和③：重复进行步骤②和③，直到聚类中心不再发生变化或达到预定的迭代次数为止。

⑤ 输出聚类结果：得到最终的聚类中心和每个数据点所属的簇。

（3）根据以上步骤给出的ChatGPT生成代码的实例

用户："请你写出在Matlab中实现K-means聚类算法进行区域分割，并且保存结果。图像图片地址为'C:\Users\图片1.png'，原始图像为灰度图。"

ChatGPT

```
% 读取灰度图像
img = imread('C:\Users\图片1.png');

% 确保图像为灰度图
if size(img, 3) == 3
    img = rgb2gray(img);
```

```
end

% 将图像转换为列向量，用于K-means算法
img_vector = double(img(:));

% 设置K-means的聚类数（可以根据需要调整）
k = 3;

% 使用K-means算法进行聚类
[idx, C] = kmeans(img_vector, k);

% 将聚类结果重塑为原图的大小
segmented_img = reshape(idx, size(img));

% 创建彩色分割图
segmented_rgb = label2rgb(segmented_img);

% 显示原始灰度图像
figure;
subplot(1, 3, 1);
imshow(img);
title('原始灰度图像');

% 显示K-means聚类分割结果
subplot(1, 3, 2);
imshow(segmented_rgb);
title('K-means聚类分割结果');

```

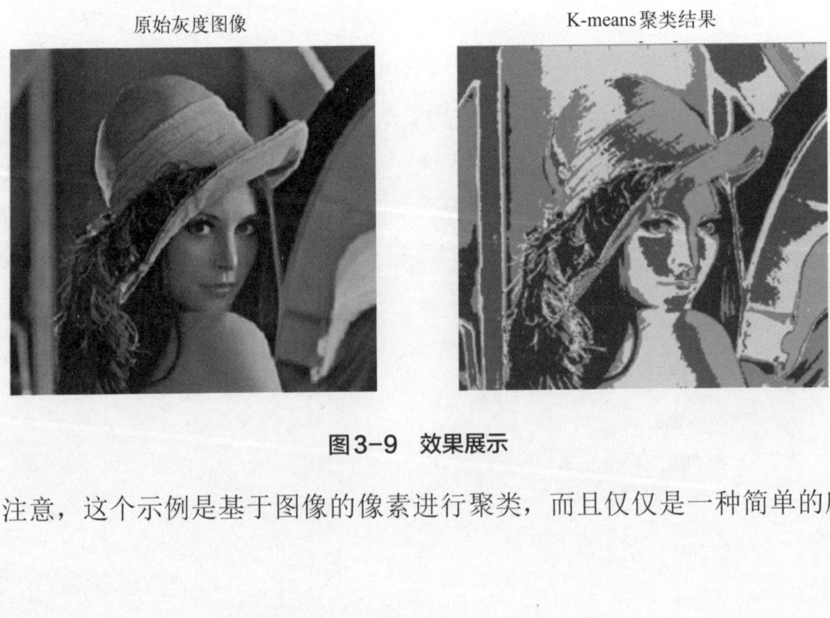

图3-9　效果展示

注意，这个示例是基于图像的像素进行聚类，而且仅仅是一种简单的应用。

实际上，图像分割是一个复杂的问题，可采用各种先进的方法和技术。这里提供的代码只是一个入门级的示例，可以根据实际需求进行更进一步的改进和优化。

K-means算法基于迭代优化的思想，通过不断更新聚类中心来最小化数据点与其所属簇中心的平方距离之和。该算法的优点是简单、高效，并且对大型数据集适用。然而，其聚类结果可能受到初始聚类中心的选择和数据点的分布特性的影响。需要注意的是，K-means算法对数据点之间的距离度量非常敏感，因此在实际应用中，通常需要对数据进行预处理（例如标准化或归一化）来确保各个特征具有相同的重要性。

K-means算法在数据分析、图像处理、文本挖掘等领域有广泛应用，并且也是其他聚类算法的基础。

3.2.4 OTSU阈值算法

OTSU阈值算法是一种自适应的图像二值化方法，用于将灰度图像转换为二值图像。该算法旨在找到一个最佳的阈值，以最大程度地区分前景和背景。其基本思想是基于图像的灰度直方图来确定阈值。该算法是将图像的灰度级分成两个类别（前景和背景），然后计算类别间的方差。方差越大，说明前景和背景之间的差异越显著，阈值选择得越好。OTSU算法的目标是寻找一个阈值，使得前景和背景的类别间方差最大化。

（1）算法原理

根据图像的灰度分布自动选择最佳的阈值，使得前景和背景的差异最大化。通过最小化类间方差，OTSU算法能够有效地确定适合图像的二值化阈值，用于图像分割和其他相关应用。

（2）OTSU阈值算法实现过程的基本步骤

① 计算灰度直方图：将输入的灰度图像转换为直方图形式，记录每个灰度级别的像素数量。

② 计算总像素数：计算灰度图像中的像素总数（记为N）。

③ 计算灰度级别的概率分布：对于每个灰度级别i，计算其在图像中的像素数量除以总像素数N，得到概率分布$P(i)$。

④ 初始化最大类间方差为0，最佳阈值为0。

⑤ 对于每个可能的阈值T从0到灰度级的最大值：

a. 分割图像：将图像分为两个类别，即前景和背景，其中前景为灰度小于T的像素，背景为灰度大于等于T的像素。

b. 计算前景和背景的像素数量和像素和。

c. 计算前景和背景的平均灰度值。

d. 计算类别间方差。

e. 如果类别间方差大于最大类间方差，则更新最大类间方差和最佳阈值为当前阈值T。

⑥ 使用最佳阈值对图像进行二值化：将灰度小于等于阈值的像素设置为0，灰度大于阈值的像素设置为255。

⑦ 返回二值化图像。

（3）根据以上步骤给出的ChatGPT生成代码的实例

用户："请你写出在Matlab中实现OTSU算法进行区域分割，并且保存结果图像。图片地址为'C:\Users\图片1.png'，原始图像为灰度图。"

ChatGPT

```
% 读取灰度图像
img = imread('C:\Users\图片1.png');

% 确保图像为灰度图
if size(img, 3) == 3
    img = rgb2gray(img);
end

% 使用Otsu算法进行自动阈值计算
level = graythresh(img);

% 根据计算得到的阈值进行二值化分割
binary_img = imbinarize(img, level);

% 显示原始灰度图像
figure;
subplot(1, 3, 1);
imshow(img);
title('原始灰度图像');

% 显示二值化后的图像
subplot(1, 3, 2);
imshow(binary_img);
title('Otsu算法二值化分割结果');
```

原始灰度图像

OTSU算法二值化分割结果

图3-10 效果展示

OTSU算法是一种简单且有效的图像分割技术，特别适用于灰度图像中前景和背景之间有明显差异的情况。它可以自动寻找最佳阈值，无须手动设置。这使得它成为广泛应用于自动图像处理和计算机视觉任务的一种方法。

3.2.5 基于形态学的分割算法

基于形态学的分割算法是一类常用的图像分割算法，它基于数学形态学的原理和操作来提取图像中的区域特征。形态学操作是基于图像的形状和结构进行处理的一种数学方法，常用的形态学操作有膨胀、腐蚀、开运算和闭运算等。

（1）算法原理

基于形态学的分割算法基于图像中的形状和结构信息，通过选择合适的结构元素并应用腐蚀、膨胀、开闭操作，实现对图像的前景和背景的分离。腐蚀操作可以消除小的孤立噪声和细节，使前景区域变小；而膨胀操作可以填充空洞、连接相邻区域和平滑边界，使前景区域变大。开操作先进行腐蚀再进行膨胀，能够去除噪声和小的非前景区域，而闭操作先进行膨胀再进行腐蚀，能够填充前景区域内的空洞和连接断开的前景区域。这些形态学操作可以迭代应用，根据需要调整结构元素和操作次数，以达到所需的分割效果。

（2）基于形态学的分割算法实现过程的基本步骤

① 选择适当的结构元素（structuring element）：结构元素是一个小的图像模板，用于指定形态学操作的范围和形状。根据图像特点和任务需求，选择合适的结构元素形状和大小。

② 图像预处理：对于彩色图像，通常需要将其转换为灰度图像。如果存在噪声，可以进行滤波操作来平滑图像。

③ 腐蚀（erosion）操作：对预处理后的图像进行腐蚀操作。腐蚀操作通过将结构元素与图像中的像素进行逐个比较，将与结构元素不匹配的像素置为0，从而缩小或减少图像中的区域。

④ 膨胀（dilation）操作：对腐蚀后的图像进行膨胀操作。膨胀操作通过将结构元素与图像中的像素进行逐个比较，将与结构元素匹配的像素置为1，从而扩大或增加图像中的区域。

⑤ 计算形态学梯度：将膨胀后的图像减去腐蚀后的图像，得到形态学梯度图像。梯度图像中的像素值表示原始图像在该位置上的边界强度。

⑥ 根据任务需求进行后处理：根据实际应用，可以对分割结果进行进一步的后处理，例如连接组成一个完整区域、移除不需要的区域、填充空缺等。

以上是基于形态学的分割算法的基本步骤。根据具体问题和需求，可能需要进行参数调整、多次迭代等优化操作来获得更好的分割结果。

（3）根据以上步骤给出的ChatGPT生成代码的实例

用户："请帮我写一个基于Matlab实现的形态学分割算法并且保存结果图像。图片地址为'C:\Users\图片1.png'，原始图像为灰度图。"

ChatGPT

```
% 读取灰度图像
img = imread('C:\Users\图片1.png');

% 如果图像不是灰度图，将其转换为灰度图
if size(img, 3) == 3
    img = rgb2gray(img);
end

% 定义结构元素
se = strel('disk', 3);  % 使用半径为3的圆形结构元素

% 形态学膨胀和腐蚀
dilated = imdilate(img, se);
eroded = imerode(img, se);

% 计算形态学梯度（膨胀 - 腐蚀）
gradient_img = imsubtract(dilated, eroded);

% 显示原图与梯度图
```

```
figure;
subplot(1, 2, 1); imshow(img); title('原始灰度图像');
subplot(1, 2, 2); imshow(gradient_img); title('形态学梯度图');

% 保存结果图像
imwrite(gradient_img, 'C:\Users\形态学梯度图.png');
```

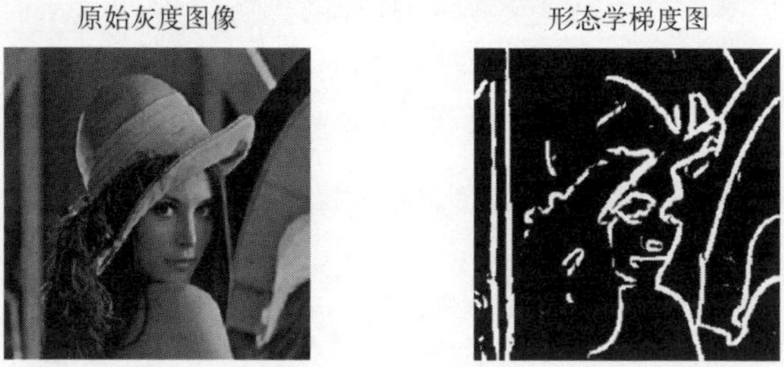

图3-11　效果展示

这些基于形态学的分割算法通常比较简单且计算效率高，适用于一些边缘检测、纹理提取等简单的分割任务。然而，它们对于噪声和图像中复杂结构的处理可能存在一定的限制。在实际应用中，可以结合其他算法和技术，如阈值分割、边缘检测等，来提升分割的准确性和鲁棒性。

3.2.6　算法对比

(a)原始图像　(b)区域生长算法　(c)分水岭算法

(d) K-means聚类算法　(e) OTSU阈值算法　(f)基于形态学分割算法

图3-12　效果对比

通过对图3-12六个图的观察，可以发现不同区域分割算法的如下特点：

区域生长算法：逐像素生长的算法，它从种子点开始，逐步合并与种子点相似的像素，然后形成分割区域。

分水岭算法：对图像的对比度和边缘信息较为敏感。它倾向于将对比度较大、边缘较明显的区域作为分水岭的位置。

K-means聚类算法：划分式聚类算法，将数据集划分为K个不重叠的簇。每个数据点被分配到与其最接近的聚类中心所代表的簇。对异常值较为敏感，异常值可能会对聚类结果产生较大的影响。

OTSU阈值算法：通过最大类间方差来确定图像的最佳阈值。它将图像视为前景和背景两个类别，并尝试寻找一个阈值，使得前景和背景之间的类间方差最大化。

基于形态学的分割算法：可以保持目标的拓扑结构，即保留目标的连通性和内部空洞等特性。通过适当的形态学操作，可以实现消除噪声、填充空洞以及连接分离区域等效果。

3.3 小结

在图像分割的章节中，涉及两个主要方面：边缘提取和区域分割。边缘提取是图像处理中常用的技术，用于检测和提取图像中的边缘信息。常用的边缘检测算法包括基于梯度的方法，如Sobel、Prewitt和Canny算法，以及基于模型的方法，如边缘增强滤波器和霍夫变换等。区域分割是将图像划分为具有相似属性或特征的区域的过程，可以用于实现目标识别、图像分析和图像理解等任务。区域分割算法基于像素之间的相似性和连通性来划分区域。常用的区域分割算法包括基于阈值的方法（如全局阈值、自适应阈值和多阈值分割），以及基于图割、分水岭和区域增长的方法。

在图像分割中，边缘提取和区域分割是紧密相关的，常常互为补充。边缘信息可以提供目标区域的几何结构和形状信息，而区域分割可以综合考虑这些边缘信息，实现图像的整体分割和分析。需根据具体的问题和应用领域选择合适的边缘提取和区域分割方法，并可能需要结合不同的技术和步骤来获得准确的分割结果。图像分割领域还有许多其他的技术和算法，可根据具体需求进行深入学习和探索。

第 4 章

形态学处理

形态学处理是一种数字图像处理技术，主要目的为对图像中的像素进行形状和结构上的调整，从而改变图像的特征和外观。这种处理方法通常被应用于图像分割、图像融合、图像去噪和图像增强等方面。其通过对像素点进行形态学操作，如膨胀、腐蚀、开运算和闭运算等，使图像在形态和结构上得到优化。形态学处理结合结构元素的设计来实现更加复杂的操作。结构元素是一个小的二值形状，可以通过滑动或旋转来适应不同的图像结构。通过结构元素的形状、大小以及形态学操作的组合使用，可以实现图像的局部特征提取、边缘检测、纹理分析等多种功能。由于它可以有效地处理各种类型的图像，并且能够提高图像处理的效率和准确性，因此在医学影像、机器视觉和计算机视觉等领域得到广泛应用，为数字图像处理提供了有效的手段。

4.1 基本运算

4.1.1 腐蚀与膨胀

进行形态学处理中，腐蚀（erosion）和膨胀（dilation）是最常用的两种基本操作。它们通常用于去除噪声、分割图像中的物体或连接图像中的断裂区域。

腐蚀操作通过对图像中的像素进行局部最小化来改变图像的形状和结构。在二值图像中，腐蚀操作可以使物体或亮区域边界收缩或缩小。具体来说，如果结构元素与图像中的一个像素位置完全匹配，该像素位置上的值将保持不变，否则将被置为零。腐蚀操作可以用于图像分割、形态学处理等领域。需要注意的是，在进行腐蚀操作时，应根据具体情况选择合适的结构元素和操作次数，以达到最佳效果。

膨胀操作与腐蚀操作相反。它通过对图像中的像素进行局部最大化来改变图像的形状和结构。在膨胀操作中，如果结构元素与图像中的一个像素位置有任何重叠，那么该像素位置上的值将保持为非零值，否则将被置为零。膨胀操作可以使图像的物体或亮区域扩张或增大。这种技术在数字图像处理、计算机视觉、机器人技术等领域得到广泛应用。膨胀操作可以用来去除噪声、分离物体、检测边缘等。它是一种非常有用的图像处理技术，可以帮助我们更好地理解和处理数字图像。

用户："你现在是一位Matlab程序员。 我现在要你写一段m代码。要求：对原始图像进行膨胀处理，得到膨胀操作后的图像。再将图像进行腐蚀处理，得到腐蚀后的图像。"

ChatGPT

```
% 读取图像
img = imread('C:\Users\图片1.png');

% 确保图像为灰度图
if size(img, 3) == 3
    img = rgb2gray(img);
end

% 将图像二值化，使用 Otsu 算法
level = graythresh(img);
binary_img = imbinarize(img, level);

% 选择形态学操作的结构元素（半径为 5 的圆盘）
se = strel('disk', 5);

% 进行膨胀操作
dilated_img = imdilate(binary_img, se);

% 进行腐蚀操作
eroded_img = imerode(binary_img, se);

% 显示原始图像、膨胀图像和腐蚀图像
figure;
subplot(1, 3, 1);
imshow(binary_img);
title('原始图像');

subplot(1, 3, 2);
imshow(dilated_img);
title('膨胀后的图像');

subplot(1, 3, 3);
imshow(eroded_img);
title('腐蚀后的图像');

% 保存膨胀和腐蚀后的图像
```

```
imwrite(dilated_img, 'C:\Users\Dilated_image.png');
imwrite(eroded_img, 'C:\Users\Eroded_image.png');
```

导入图片，并运行上述代码，可以得到运行结果，如图4-1所示。

图4−1　膨胀操作和腐蚀操作

图像膨胀是腐蚀操作的逆操作，类似于“领域扩张”，将图像中的高亮区域或白色部分进行扩张，其运行结果图比原图的高亮区域更大，线条更粗，主要用于去噪。

4.1.2　开操作与闭操作

开操作（opening）和闭操作（closing）也是形态学处理的两种常见操作，它们通过结合腐蚀（erosion）和膨胀（dilation）操作来改变图像的形状和结构。

开操作是一种常用的图像处理技术，能够平滑图像并消除小的噪点，同时保持较大物体的结构不受影响。该技术首先应用腐蚀操作，它能够收缩或缩小图像中的物体，然后再应用膨胀操作，以恢复被腐蚀的物体。由于腐蚀的作用，小的物体或噪点会被完全去除，从而实现平滑和去噪的效果。开操作在数字图像处理、计算机视觉等领域得到广泛应用，可以有效提高图像质量和识别准确率。需要注意的是，在应用开操作时，应根据具体情况选择适当的参数和算法，以达到最佳效果。

闭操作与开操作相反，闭操作可以填充图像中的小孔洞，同时保持较大的物体结构不受影响。闭操作的实现过程是先应用膨胀操作，将物体进行扩张或增大；然后再应用腐蚀操作，以消除膨胀造成的边界扩张。由于膨胀的作用，小的孔洞会被完全填充，从而实现孔洞填充的效果。闭操作在数字图像处理中应用广泛，特别是在图像分割、去噪和形态学重建等方面。其应用可以有效地提高图像处理的准确性和可靠性，对于各种图像处理任务都具有重要的意义。

用户："你现在是一位Matlab程序员。我现在要你写一段m代码。要求：对原始图像进行开操作处理，得到开操作后的图像。再将图像进行闭操做处理，得到闭操作后的图像。"

ChatGPT

```
% 读取图像
img = imread('C:\Users\图片1.png');

% 确保图像为灰度图
if size(img, 3) == 3
    img = rgb2gray(img);
end

% 将图像二值化，使用 Otsu 算法
level = graythresh(img);
binary_img = imbinarize(img, level);

% 创建形态学结构元素（圆盘，半径为 5）
se = strel('disk', 5);

% 执行开操作（先腐蚀后膨胀）
opened_img = imopen(binary_img, se);

% 执行闭操作（先膨胀后腐蚀）
closed_img = imclose(binary_img, se);

% 显示图像结果
figure;
subplot(1, 3, 1);
imshow(binary_img);
title('原始图像');

subplot(1, 3, 2);
imshow(opened_img);
title('开操作后的图像');

subplot(1, 3, 3);
imshow(closed_img);
title('闭操作后的图像');

% 保存图像结果
```

```
imwrite(opened_img, 'C:\Users\Opened_image.png');
imwrite(closed_img, 'C:\Users\Closed_image.png');
```

导入图片，并运行上述代码，可以得到运行结果，如图4-2所示。

图4-2 开运算与闭运算

先进行腐蚀再进行膨胀就叫做开运算，即开运算（image）= 膨胀（腐蚀（image））。图像被腐蚀后，能够去除噪声，但会压缩图像；对腐蚀过的图像进行膨胀处理，可以在去除噪声的同时保持原有形状。

先进行膨胀再进行腐蚀就叫做闭运算，即闭运算（image）= 腐蚀（膨胀（image））。它有助于关闭前景物体内部的小孔，或物体上的小黑点。

4.2 复杂运算

形态学处理中的复杂运算包括顶帽运算（top-hat transform）、底帽运算（bottom-hat transform）、梯度运算（gradient）等。

这些复杂形态学处理运算能够在图像处理和分析的各个方面发挥作用，用于增强图像、提取特征、分割图像等。根据具体应用需求，选择适当的运算方法和参数可以得到预期的结果。

4.2.1 顶帽运算

顶帽运算是形态学处理中的一种运算，它可以突出图像中的小尺度细节或亮区域。顶帽运算基于开操作，并通过原始图像和开操作之间的差异来提取细节。顶帽运算的步骤如下：

① 对原始图像应用一个结构元素进行开操作，得到开操作后的图像。

② 将原始图像与开操作后的图像进行减法运算，得到顶帽运算后的图像。

通过这个过程，顶帽运算可以提取图像中相对较小或较亮的细节，例如细小的边缘、噪声点等。

下面是向ChatGPT提问后给出的示例代码：

用户："你现在是一位Matlab程序员。我现在要你写一段m代码。要求：对原始图像应用一个结构元素进行开操作，得到开操作后的图像。将原始图像与开操作后的图像进行减法运算，得到顶帽运算后的图像。"

ChatGPT

```
% 读取图像
img = imread('C:\Users\图片1.png');

% 确保图像为灰度图
if size(img, 3) == 3
    img = rgb2gray(img);
end

% 使用 Otsu 算法进行二值化
level = graythresh(img);
binary_img = imbinarize(img, level);

% 定义结构元素（圆盘形，半径为5）
se = strel('disk', 5);

% 执行开操作（先腐蚀再膨胀）
opened_img = imopen(binary_img, se);

% 顶帽运算：原图减去开操作结果
tophat_img = imsubtract(binary_img, opened_img);

% 显示原始二值图、开操作结果和顶帽运算图像
figure;
subplot(1, 3, 1);
imshow(binary_img);
title('原始图像');

subplot(1, 3, 2);
imshow(opened_img);
title('开操作后的图像');

```

```
subplot(1, 3, 3);
imshow(tophat_img);
title('顶帽图像');

% 保存顶帽运算结果图像
imwrite(tophat_img, 'C:\Users\Tophat_image.png');
```

导入图片，并运行上述代码，可以得到运行结果，如图4-3所示。

图4-3　顶帽运算

图像顶帽运算（top-hat transformation）又称为图像礼帽运算，它是用原始图像减去图像开运算后的结果，常用于解决由于光照不均匀图像分割出错的问题。

4.2.2　底帽运算

底帽运算也称为顶帽运算的补充运算，它可以突出图像中的大尺度结构或暗区域。底帽运算基于闭操作，并通过原始图像和闭操作之间的差异来提取结构。底帽运算的步骤如下：

① 对原始图像应用一个结构元素进行闭操作，得到闭操作后的图像。

② 将原始图像与闭操作后的图像进行减法运算，得到底帽运算后的图像。

通过这个过程，底帽运算可以提取图像中相对较大或较暗的结构，例如大型物体的边缘、阴影等。

下面是向ChatGPT提问后给出的示例代码：

用户："你现在是一位Matlab程序员。我现在要你写一段m代码。要求：对原始图像应用一个结构元素进行闭操作，得到闭操作后的图像。将原始图像与闭操作后的图像进行减法运算，得到底帽运算后的图像。”

ChatGPT

```
% 读取图像
img = imread('C:\Users\图片1.png');

% 确保图像为灰度图
if size(img, 3) == 3
    img = rgb2gray(img);
end

% 将图像二值化，使用 Otsu 算法
level = graythresh(img);
binary_img = imbinarize(img, level);

% 定义结构元素（圆盘形，半径为5）
se = strel('disk', 5);

% 执行闭操作（先膨胀后腐蚀）
closed_img = imclose(binary_img, se);

% 底帽运算：闭操作结果减去原始图像
bothat_img = imsubtract(closed_img, binary_img);

% 显示图像：原始、闭操作、底帽运算结果
figure;
subplot(1, 3, 1);
imshow(binary_img);
title('原始图像');

subplot(1, 3, 2);
imshow(closed_img);
title('闭操作后的图像');

subplot(1, 3, 3);
imshow(bothat_img);
title('底帽图像');

% 保存底帽图像
imwrite(bothat_img, 'C:\Users\Bothat_image.png');
```

导入图片，并运行上述代码，可以得到运行结果，如图4-4所示。

图4-4　底帽运算

图像底帽运算（bottem-hat transformation）又称为图像黑帽运算，它是用原始图像减去图像闭运算后的结果，常用于删除亮背景下的暗区域。

4.2.3　梯度运算

梯度运算是形态学处理中常用的运算，它用于突出图像中的边缘和轮廓信息。梯度运算基于膨胀和腐蚀操作之间的差异来获取边缘信息。梯度运算的步骤如下：

① 对原始图像应用膨胀操作，得到膨胀后的图像。

② 对原始图像应用腐蚀操作，得到腐蚀后的图像。

③ 将膨胀后的图像减去腐蚀后的图像，得到梯度运算后的图像。

通过这个过程，梯度运算可以突出图像中的边缘和轮廓信息，因为膨胀操作会扩张边缘，腐蚀操作会收缩边缘，两者的差异就代表了边缘的位置。

下面是向ChatGPT提问后给出的示例代码：

用户：“你现在是一位Matlab程序员。我现在要你写一段m代码。要求：对原始图像应用膨胀操作，得到膨胀后的图像。对原始图像应用腐蚀操作，得到腐蚀后的图像。将膨胀后的图像减去腐蚀后的图像，得到梯度运算后的图像。”

ChatGPT

```
% 读取图像
img = imread('C:\Users\图片1.png');

```

```
% 确保图像为灰度图
if size(img, 3) == 3
    img = rgb2gray(img);
end

% 将图像二值化，使用Otsu算法
level = graythresh(img);
binary_img = imbinarize(img, level);

% 选择形态学操作的结构元素
se = strel('disk', 5); % 使用半径为5的圆盘结构元素

% 进行膨胀操作
dilated_img = imdilate(binary_img, se);

% 进行腐蚀操作
eroded_img = imerode(binary_img, se);

% 计算梯度（膨胀图像减去腐蚀图像）
gradient_img = imsubtract(dilated_img, eroded_img);

% 显示原始二值化图像、膨胀操作图像、腐蚀操作图像和梯度运算结果
figure;
subplot(1, 4, 1);
imshow(binary_img);
title('原始图像');

subplot(1, 4, 2);
imshow(dilated_img);
title('膨胀后的图像');

subplot(1, 4, 3);
imshow(eroded_img);
title('腐蚀后的图像');

subplot(1, 4, 4);
imshow(gradient_img);
title('梯度图像');

% 保存梯度运算后的图像
imwrite(gradient_img, 'C:\Users\Gradient_image.png');
```

导入图片，并运行上述代码，可以得到运行结果，如图4-5所示。

图4-5 梯度运算

4.3 小结

形态学处理是一种基于图像结构的数学处理方法，通过对图像的形状和结构进行操作和分析，实现图像的分割、特征提取、形状识别等目标。结合不同的形态学运算和操作，如膨胀、腐蚀、开运算、闭运算等，可以灵活地完成图像处理任务。这些操作能够改变图像的形态特征，进而影响图像的整体结构和特定区域的性质。形态学处理在计算机视觉、图像分析、模式识别等领域有广泛的应用，为图像处理提供了强大的工具和方法。其中，膨胀操作可以扩张图像中的亮点或物体边界，从而增加图像中亮区域的大小，使图像更加明亮、清晰。而腐蚀操作则相反，通过缩小图像中的亮点或物体边界，减小图像中亮区域的大小，使图像更加清晰、锐利；开运算是一种能够平滑图像并消除小的噪点的处理方法，通过这种方式可以提高图像的质量。闭运算则可以填充图像中的小孔洞，使得图像更加完整；顶帽运算可以提取图像中的亮区域，而底帽运算则可以提取图像中的暗区域。

这些形态学处理方法在图像处理领域有着广泛的应用，能够帮助我们更好地处理和分析图像数据。形态学处理在计算机视觉、医学影像等各个领域都发挥着重要作用，为我们提供了强大的技术支持。通过运用这些方法，我们能够对图像进行精细的处理和提取，从而得到更加准确和有用的信息。形态学处理的原理和算法虽然复杂，但是在实际应用中却能够带来显著的效果。

第 5 章 图像特征提取

在数字图像处理中，图像特征提取是指从图像中选取一些关键的、有代表性的信息（或者称为特征），并对其进行描述和表达的过程。图像特征可以基于颜色、纹理、形状、边缘等方面，通常是图像中与目标对象相关的重要信息，可以帮助我们识别、分类、跟踪或定位目标对象。图像特征提取的常用方法有滤波、边缘检测、尺度空间分析、颜色直方图、纹理分析等，不同的方法适用于不同的应用场景。图像特征提取是许多计算机视觉和机器学习任务的基础，如目标检测、图像识别、人脸识别、手写数字识别等。特征降维是特征提取后的一个重要步骤，它的目的是减少特征数量，提高特征的分类和识别能力。常用的特征降维方法包括主成分分析（PCA）、线性判别分析（LDA）、t-SNE等。因此，特征提取和特征降维是不同的概念，但它们通常被结合在一起使用来提高计算机视觉和机器学习的性能。

5.1 颜色特征提取

颜色特征提取通常应用于图像分类、目标检测、图像检索等领域。在人脸识别、医学图像分析等领域中也有广泛应用。在图像特征提取中，颜色特征提取指的是从图像中提取出有关颜色分布和特征的信息。它可以用来描述图像的色调、亮度、饱和度等颜色特性。颜色特征提取一般包括以下步骤。

① 图像颜色空间转换：将图像从RGB颜色空间转换为其他的颜色空间，如HSV、Lab等，以便更好地描述颜色特征。

② 颜色直方图提取：利用图像中的像素值统计颜色的频率分布情况，得到颜色直方图。

③ 颜色共生矩阵提取：通过计算图像中不同颜色出现的频率以及它们之间的空间关系，得到颜色共生矩阵。

④ 颜色滤波器提取：使用特定的颜色滤波器来捕获图像中的颜色信息，如高斯滤波器、均值滤波器等。

在数字图像处理中，颜色特征提取是非常重要的一项任务。通过选择合适的颜色空间和特征提取方法，我们能够更好地利用图像颜色信息，从而实现更精准的目标识别和图像检索等。常用的颜色特征提取方法包括灰度直方图和聚类。灰度直方图可以用来描述图像中像素值的分布情况，从而体现出图像的明暗程度。聚类方法则可将像素分组，以提取出图像中颜色的主要信息。除了灰度和聚类方法，在颜色特征提取中还有如颜色直方图、颜色矩、纹理能量等其他方法，这些方法可以从不同的角度描述图像颜色的特征。

5.1.1 灰度直方图

灰度直方图是一种用于分析数字图像中灰度分布的工具，可以从图像中提取出灰度特征。在数字图像中，每个像素都有一个灰度级别，灰度级别通常用0~255的整数值来表示，代表了像素的亮度和暗度。灰度直方图是一种将图像中每个像素的灰度值进行统计的方法，它以灰度级别为横坐标，以每个灰度级别下像素点的个数或占比为纵坐标，绘制出来的一条曲线图即称为灰度直方图。灰度直方图的形态与图像的灰度分布直接相关。即使在彩色图像中，也可以通过将RGB值进行加权平均来计算出对应的灰度级别。

灰度直方图的形态表示了数字图像的灰度分布情况。一个好的灰度直方图通常呈现出一个或多个高峰，代表了图像中明暗程度比较集中的部分，其峰值的位置和数量决定了图像的整体亮度和对比度等特征。例如，在一张普通的人脸照片上，灰度直方图通常会呈现高峰值，因为人脸中的皮肤颜色大多分布在一个范围内，而其他颜色则分布相对较少。基于灰度直方图，我们可以轻松地进行阈值分割或目标识别等操作。

在应用中，灰度直方图可以用于确定数字图像的亮度和对比度，从而在图像处理过程中用来自动调整图像的对比度，并且可以帮助我们更好地了解图像中的灰度分布情况。灰度直方图在数字图像处理领域中有广泛的应用，特别是在对比度调整、阈值分割、图像质量评估、图像检索和匹配等方面尤为常见。灰度直方图是数字图像处理中常用的特征提取方法，通过统计图像中像素的灰度级别，我们可以更好地了解图像的灰度分布情况，从而辅助进行图像处理操作。

灰度直方图的计算方法比较简单，只需统计每个像素点的灰度级别，并将其在直方图上标出即可。灰度直方图的横坐标是灰度级别，通常为0~255，而纵坐标则是像素数或像素占比。其具体步骤如下：

① 确定灰度级别区间：将整个灰度范围分成若干个等宽区间，每个区间代表一个灰度级别。

② 统计像素数：扫描图像中的每个像素，统计各个灰度级别区间中像素的数量，得到对应灰度级别的像素数。

③ 绘制灰度直方图：将各灰度级别的像素数在直方图上标出，即可绘制出灰度直方图。

计算灰度直方图可以通过一些工具实现，如Matlab中的imhist函数。下面是利用ChatGPT生成代码绘制灰度图像的例子。

用户："假设我已有灰度图片，请给我生成能够绘制灰度直方图的Matlab代码。"

ChatGPT

matlab　　复制　编辑

```matlab
% 读取灰度图像
img = imread('image.jpg'); % 替换为你自己的灰度图像文件路径

% 如果输入图像是彩色图像，先转换为灰度图像
if size(img, 3) == 3
    img = rgb2gray(img);
end

% 显示图像
imshow(img);
title('灰度图像');

% 计算灰度图像的直方图
[counts, binLocations] = imhist(img);

% 绘制灰度直方图
figure;
bar(binLocations, counts, 'BarWidth', 1);
xlim([0 255]); % 灰度值范围从0到255
xlabel('灰度级');
ylabel('像素数量');
title('灰度图像直方图');
```

上述代码通过读取灰度图像，计算灰度直方图并绘制来完成该操作。只需将imread函数的参数替换为实际的灰度图像中的文件名即可。图5-1是原始灰度图像和灰度直方图的结果。

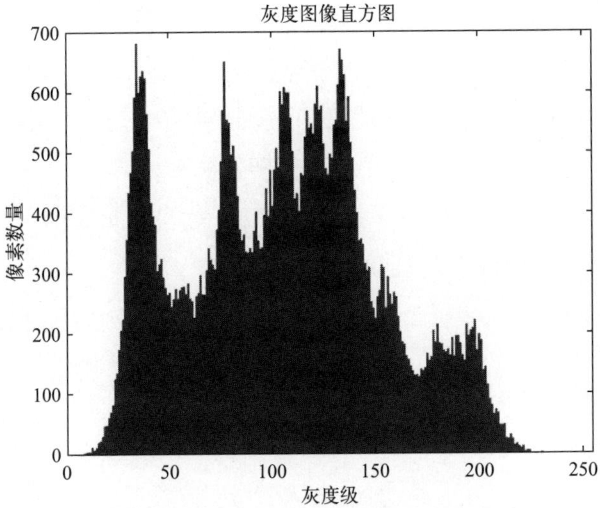

图5-1 灰度直方图计算效果

5.1.2 聚类

聚类是一种常见的分析和处理方法，它可以将一张图像分成多个区域或部分，以实现图像分割和图像分类等任务。聚类是指将数据集划分为若干个类别的过程，其中各类别内部的数据点尽可能相似，而不同类别之间的数据点则尽可能不同。在图像处理中，通常使用像素值或像素特征来对图像进行聚类，因此聚类的目标就是将图像像素值或特征空间划分为若干个互不相交的类别，从而对图像进行分割和分类。这里简单介绍两种常见的聚类算法：K-means聚类和均值漂移聚类。

（1）K-means聚类

K-means聚类是一种基于距离测度的常见非监督算法，主要目的是将数据分成预定的簇。它将像素值或特征空间看作是一个N维空间，通过计算欧几里得距离来衡量不同像素之间的相似度。由于颜色在数字图像中占有重要的地位，因此K-means 聚类经常被应用于颜色特征提取。通常，K-means 聚类算法在数字图像处理中的典型应用是将相似颜色的像素归为一类，以实现颜色量化和图像压缩等任务。

K-means聚类首先从像素空间中随机选取若干个点来作为聚类中心，将其他像素点分配到与其最近的聚类中心所属的类别中，然后更新聚类中心的位置。

其具体步骤如下：

① 初始化质心：随机选择k个样本点作为初始的聚类质心。

② 对每个样本点求解距离：计算每个数据点到k个聚类质心的距离。

③ 分配样本点到簇：将每个数据点分配到距离最近的聚类簇。

④ 更新簇质心：更新每个簇的质心，使其与该簇中所有数据点的距离最小化。

⑤ 重复步骤②～④，直到聚类质心不再变化或达到最大迭代次数。

在Matlab中，可以使用kmeans函数来实现图像的K-means聚类。以下是Matlab实现K-means聚类的经典例子。

用户："用Matlab怎么实现K-means聚类？"

ChatGPT

matlab

```matlab
% 读取图像
image = imread('image.jpg');  % 假设图片文件名为 'image.jpg'

% 将图像数据转换为二维数组，每行是一个像素，每列是 R, G, B 值
[rows, cols, channels] = size(image);
image_data = reshape(image, rows * cols, channels);

% 设置聚类的簇数 K
K = 3;

% 使用 kmeans 进行聚类
[idx, C] = kmeans(double(image_data), K, 'Replicates', 5, 'Start', 'plus');

% idx 是每个像素所属的簇的索引，C 是每个簇的 RGB 质心

% 创建一个新的图像，将每个像素的颜色设置为对应簇的质心颜色
clustered_image_data = C(idx, :);

% 将结果恢复为图像尺寸
clustered_image = reshape(clustered_image_data, rows, cols, channels);

% 显示原始图像与聚类后的图像
subplot(1, 2, 1);
imshow(image);
title('Original Image');
```

```
subplot(1, 2, 2);
imshow(uint8(clustered_image));
title('Clustered Image (K=3)');
```

上述代码将一张彩色图像转换成向量的形式，通过设置聚类的数目来影响最终的聚类结果，根据聚类结果进行颜色转换并将数据转换为图像形式。在K-means 聚类时，需要将数据类型转换为 double 类型以提高算法精度，同时可以使用 Replicates 参数来控制运行算法的重复次数。最后，通过reshape函数和聚类结果 idx 和centers，来实现聚类后的像素颜色替换，并将向量形式的数据转换回图像形式。

在实现聚类的过程中，我们也可以通过改变聚类中心的个数来观察对聚类结果的影响。在实际的应用中，要根据具体的要求或者效果来修改聚类中心数目。通过改变k值的大小，我们可以观察其对聚类结果的影响，如图5-2所示。

图5-2　不同聚类数值对聚类结果的影响

在求聚类中心时，我们得到了k个聚类，每个聚类都有一个聚类中心（centroid），代表该聚类的平均RGB颜色。聚类中心所代表的RGB颜色就是代表该聚类的颜色，对每个像素使用其所属聚类的 RGB 颜色代表它。最后，我们得到了一个经过 K-means 聚类后的图像，其中每个像素的颜色都被替换为所属聚类的 RGB 颜色中心。

（2）均值漂移聚类

均值漂移聚类（mean shift clustering）是一种无参聚类算法，也称为密度峰值聚类（density peak clustering）。它通过发现数据点密度的局部最大值来执行聚类，从而可以找到数据点分布的模式。此算法的主要思想是，通过自适应窗口将每个数据点周围的所有数据点映射到空间中，计算映射后的数据点的平均值，然后将窗口的中心点移动到平均点上，再重复这个过程直到收敛。这个过程实际上就是寻找数据点的密度极大值点的过程。均值漂移聚类的步骤如下：

① 初始化：选择一个数据点作为初始窗口中心，设定一个合适的窗口大小。

② 查找：使用窗口中心和窗口大小查找窗口内的数据点，计算窗口内数据点到窗口中心的距离。

③ 权值计算：使用一个核函数（如高斯核函数）将距离转换为权值。

④ 归一化：将权值归一化，以免距离过大的点对距离过小的点产生过多影响。

⑤ 重心计算：使用权值来计算窗口内所有点的加权重心。

⑥ 更新窗口：以重心作为新的窗口中心，重复②～⑤步更新窗口，直到窗口中心收敛。

⑦ 标记簇：将收敛到同一窗口中心的点标记为同一簇。

⑧ 去重：将所有簇合并，并去除重复项，得到最终的聚类结果。

均值漂移聚类优点在于可以在不知道数据分布形态和聚类数量的情况下对数据进行聚类，而且可以有效处理非凸、噪声干扰等问题。但缺点在于窗口大小的选择以及处理大数据量时速度较慢。

5.2 形状特征提取

形状特征提取是数字图像处理的重要任务之一，它旨在通过分析图像中物体的形状信息，提取出能够描述物体形状的代表性特征。形状特征可以应用于图像匹配、物体识别、目标跟踪等领域。本节将介绍几种常用的形状特征提取方法，如Hu不变矩、Hough变换和Radon变换。

5.2.1 Hu不变矩

矩是一种完备的数学表达，可用于物体区域的特征计算。Hu 不变矩由 Ming-Kuei Hu 在 1962 年提出，是一种常用的形状特征提取方法。它通过多次嵌套中心归一化矩（central moments）的计算得到七个统计矩，再通过这七个统计矩的线性组合，得到七个不变矩。这些不变矩在旋转、缩放、平移等变换下均具有不变性，因此可用于形状特征的提取和匹配。

Hu不变矩基于图像的几何矩计算，并通过应用归一化和不变性变换生成与平移、旋转和缩放无关的特征。该方法被广泛应用于对象识别、形状分析和图像匹配等任务。它在计算机视觉、模式识别和图像处理等领域发挥着重要作用，为图像形状特征提取和分析提供了重要的工具和方法，并且在各种图像处理应用中具有良好的稳定性和鲁棒性。具体而言，Hu不变矩的计算过程包括以下步骤：

① 图像预处理：对输入图像进行必要的预处理，如灰度化、二值化等，以便得到二值图像。

② 计算图像的几何矩：根据输入图像，计算其中的几何矩，包括零阶矩、一阶矩和二阶矩等。这些几何矩描述了图像中像素的空间关系和分布特性。

③ 归一化：对计算得到的几何矩进行归一化操作，以消除图像尺度和位置的影响。一般使用图像的中心矩来进行归一化，保证特征的平移不变性。

④ 计算不变矩特征：根据归一化后的几何矩，使用数学变换方法得到Hu不变矩特征。这些特征是一组数值化的描述子，能够唯一地表示物体的形状特征。

⑤ 特征应用：提取得到的Hu不变矩特征可以用于对象识别、形状匹配和图像分析等任务。通过比较不同图像的特征向量，可以判断它们之间的形状相似性或差异性。

5.2.2 Hough变换

Hough变换作为一种空间参数变换法，自1962年提出后，便成为直线和其他参数化形状检测的重要工具。Hough变换是一种常用的形状特征提取和形状检测方法，特别适用于检测图像中的直线、圆和椭圆等形状。该方法通过在参数空间对图像中的曲线进行累加，找到累加值最高的参数对应的形状特征。Hough变换具有较强的稳定性和鲁棒性，可以在一定程度上避免噪声的影响，而且易于并行运算，在计算机视觉和数字图像处理中被广泛应用于形状检测和基于形状的图像分析任务。具体而言，Hough变换的计算过程包括以下步骤。

① 边缘检测：在输入图像中进行边缘检测操作，如使用Prewitt算子等方法来提取图像中的边缘信息。这一步骤旨在减少后续计算的复杂性，将注意力集中在图像中的边缘。

② 参数空间的初始化：根据待检测的形状类型，初始化对应形状的参数空间。对于直线检测，可以使用极坐标参数空间或直角坐标参数空间；对于圆或

椭圆检测，可以使用圆心和半径的参数空间。

③ 累加过程：对于每个检测到的边缘点，根据其在图像中的位置信息，在参数空间中进行累加操作。具体而言，对于直线检测，对应的参数空间点会在参数值上增加累加计数；对于圆或椭圆检测，对应的参数空间内的圆心或椭圆参数会增加累加计数。

④ 波峰检测：在累加完成后，对参数空间进行分析，找到累加值最高的参数对应的形状特征。这些累加值较高的点表示在图像中存在较明显的形状特征，如直线、圆或椭圆。

⑤ 从参数空间到图像空间的转换：根据检测到的形状特征在参数空间中的坐标，将其转换回图像空间。这一步骤可以得到图像中形状特征的具体位置和大小。

Hough变换方法在数字图像处理中扮演着重要的角色，广泛应用于检测特定形状、提取形状特征或进行图像分割等。了解其原理、操作和应用场景非常重要。

以下是使用Matlab实现Hough变换的一个经典例子：

用户："请给我一段能够对灰度图像进行Hough变换的Matlab代码。"

ChatGPT

matlab　　复制　编辑

```matlab
% 读取图像
image = imread('image.jpg');  % 读取图像文件

% 如果是彩色图像，转换为灰度图像
if size(image, 3) == 3
    gray_image = rgb2gray(image);
else
    gray_image = image;
end

% 使用 Prewitt 算子进行边缘检测
edges = edge(gray_image, 'Prewitt');

% 对边缘图像进行 Hough 变换
[H, theta, rho] = hough(edges);
```

```
% 找到 Hough 变换中的峰值，表示直线的位置
peaks = houghpeaks(H, 5);  % 找到前 5 个峰值

% 提取检测到的直线
lines = houghlines(edges, theta, rho, peaks);

% 创建一个新的图像显示框
figure;

% 显示灰度图像
subplot(2, 2, 1);
imshow(gray_image);
title('Gray Image');

% 显示 Prewitt 算子边缘检测结果
subplot(2, 2, 2);
imshow(edges);
title('Prewitt Edge Detection');

% 显示 Hough 变换结果
subplot(2, 2, 3);
imshow(imadjust(mat2gray(H)), [], 'XData', theta, 'YData', rho);
xlabel('\theta (degrees)');
ylabel('\rho');
title('Hough Transform');
axis on;
colormap(gca, hot);

% 在原始图像上绘制检测到的直线
subplot(2, 2, 4);
imshow(image);
hold on;
for k = 1:length(lines)
    plot([lines(k).point1(1), lines(k).point2(1)], ...
         [lines(k).point1(2), lines(k).point2(2)], 'LineWidth', 2, 'Color', 'green');
end
title('Detected Lines');
hold off;
```

上述代码使用Prewitt边缘检测进行预处理，在进行Hough变换，找到峰值并提取直线后，可视化显示Hough变换结果和检测到的直线。下面是原始灰度图像及其效果展现图。如图5-3所示，对灰度图像进行边缘检测后，图像边缘变得非常清晰。

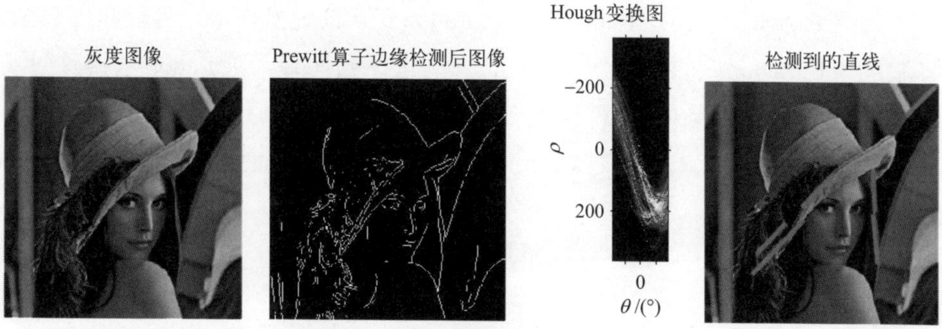

图5-3　Hough变换效果展示

5.2.3　Radon变换

Radon变换，也称为投影变换，是一种在医学影像和计算机视觉中常用于图像重建和辅助诊断的技术。该变换是将图像中的像素投影到一组特定角度下的累加投影，它可以用于检测图像中的直线、曲线和其他几何形状。

Radon变换的基础是投影几何学，它涉及线的投影和投影的逆过程。在投影几何学中，投影表示将三维空间中的物体投影到二维平面上的过程。Radon变换是一种投影运算，它将图像中的像素投影到一组特定角度下的投影线上，这里的投影指的是沿特定方向对图像进行像素值的累加，也可以看作是将像素投影到二维平面上。在Radon变换中，需要指定投影的方向或角度范围，通常情况下，选择从0°到180°的角度范围，并根据需要设置角度的分辨率。通过选择不同的角度，可以得到不同方向上的投影，从而获取图像各个方向上的特征信息。

对于每个投影方向或角度，沿着该方向选择一条投影线，在该投影线上进行像素值的累加。对于正交投影：在正交投影下，投影线是平行于投影方向的直线，通过遍历图像中与投影线相交的像素，将其像素值进行累加。对于透视投影：在透视投影下，投影线经过摄像机位置和图像平面，通过参数化投影直线上的点，计算出与图像上每个像素的交点，并将其像素值进行累加。而这些都可以通过对像素值进行求和或积分操作来实现。

① Radon变换：将每个投影方向或角度的投影值整合到一张二维矩阵中，形成Radon变换图像（也称为sinogram）。Radon变换图像表示了原始图像在不同投影角度上的投影值分布。Radon变换图像提供了原始图像在不同投影角度上的投影信息，可以用于图像重建、物体检测、边缘检测等。

② 逆Radon变换：逆Radon变换是Radon变换的逆操作，也称反投影算法。它通过使用Radon变换图像（sinogram）重建原始图像。逆Radon变换通过将Radon变换图像的投影信息重新分布到图像空间中，恢复原始图像的像素值。

以下是一个利用Radon变换得到不同方向上的Radon变换曲线以及逆Radon变换的图像重建效果。

用户："请帮我生成一个可以进行Radon变换并观察不同投影角度上的图像的代码。"

ChatGPT

matlab　　复制　编辑

```
% 生成一个简单的图像
imageSize = 128;
theta = 0:179;  % 投影角度范围
image = zeros(imageSize);
image(imageSize/4:imageSize/4*3, imageSize/4:imageSize/4*3) = 1;  % 创建一个简单的矩形

% 显示原始图像
figure;
subplot(2, 2, 1);
imshow(image);
title('Original Image');

% 进行Radon变换
projection0 = radon(image, theta);  % 0度投影
projection45 = radon(image, theta + 45);  % 45度投影

% 显示Radon变换结果
subplot(2, 2, 2);
imagesc(theta, 1:size(projection0, 1), projection0);
colormap(gca, 'gray');
title('Radon Transform - 0 degrees');
xlabel('Projection Angle (degrees)');
ylabel('Radial Distance');

subplot(2, 2, 3);
imagesc(theta + 45, 1:size(projection45, 1), projection45);
colormap(gca, 'gray');
title('Radon Transform - 45 degrees');
xlabel('Projection Angle (degrees)');
ylabel('Radial Distance');
```

在上述代码中，使用Radon函数计算了0°和45°方向的Radon变换，然后使用imshow函数显示了Radon变换的图像，并使用subplot函数显示了0°和45°方向的Radon变换曲线。

图5-4就是不同角度影响下的Radon变换曲线。

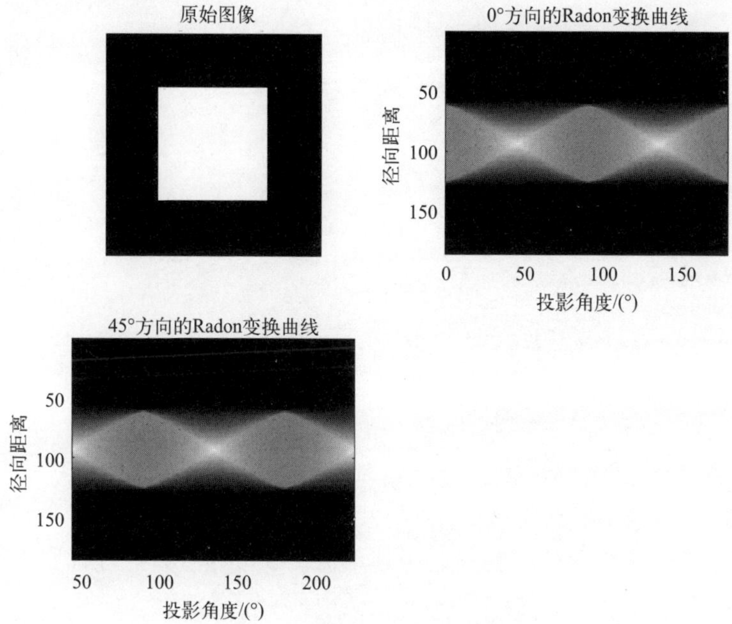

图5-4　不同角度Radon变换曲线

用户："请帮我生成另外一段可以实现逆Radon变换重建图像的代码。"

ChatGPT

matlab　　复制　编辑

```matlab
% 读取图像
image = imread('image.jpg');  % 替换为你的图像文件路径

% 如果图像是彩色的，转换为灰度图像
if size(image, 3) == 3
    image = rgb2gray(image);  % 将彩色图像转换为灰度图像
end

% 设置投影角度
theta = 0:10:180;  % 从 0 到 180 度的投影角度，间隔为 10 度
```

```
% 对图像进行 Radon 变换
[R, xp] = radon(image, theta);

% 执行逆 Radon 变换
reconstructed_image = iradon(R, theta, 'linear', 'Ram-Lak');

% 显示结果
figure;

% 显示原始图像
subplot(1, 2, 1);
imshow(image);
title('Original Image');

% 显示通过逆 Radon 变换重建的图像
subplot(1, 2, 2);
imshow(reconstructed_image, []);
title('Reconstructed Image from Radon Transform');
```

这段代码先读取原始图像，再通过设置投影角度范围来得到0°～180°范围内的Radon曲线集合。其中，C=max(R)；这行代码用来获取投影数据R的最大值，但是由于最大值并没有在代码中使用，所以可以省略这行代码。然后，在iradon函数中使用了线性插值（linear）和Ram-Lak滤波器。这种重建效果可能受到选择的投影角度范围以及逆Radon变换中使用的插值和滤波器类型的影响，故根据需要进行调整。结果展示如图5-5所示。

图5-5 逆Radon变换的图像重建

5.3 关键点特征提取

在数字图像处理中，并非所有像素点都是必要的，处理所有像素会耗费大量的时间，因此在处理前往往需要对图像做预处理。通过提取关键点特征，我们可以大大提高图像处理的效率。关键点特征提取是图像处理中的一项重要技术，可以描述图像中显著的局部特征点，对于图像匹配、目标跟踪等任务具有关键作用。在本节中，将介绍几种常用的关键点特征提取算法。

5.3.1 SIFT算法

SIFT算法，又称为尺度不变特征转换，是一种基于尺度空间的关键点特征提取方法。它的主要目的是寻找与缩放、旋转、亮度变化等因素无关的关键点，并提取这些关键点的特征描述子。其应用范围包含物体识别、机器人地图感知与导航、影像缝合、3D模型建立、手势辨识、影像追踪和动作比对。

（1）算法原理

尺度空间极值检测：使用高斯滤波器构建图像金字塔。图像金字塔是一系列尺度空间上的图像，每个图像都是通过对原始图像进行不同程度的高斯模糊得到的。然后，在每个尺度上，通过比较像素与其相邻像素及其对应尺度上的像素来检测出具有高斯差分极值的候选关键点。

关键点定位：在极值点检测的基础上，使用插值方法精确定位关键点的位置。此过程可以通过对极值点附近像素进行偏移量和曲率计算来实现。同时，低对比度和边缘响应不强的关键点将被排除。

方向分配：对于每个关键点，计算关键点周围像素的梯度方向。然后，在关键点附近的图像区域内，建立一个相对于关键点方向的坐标系，再计算每个像素的梯度方向。最后根据梯度方向的分布构建梯度直方图，再选择主要的梯度方向作为关键点的方向。

特征描述：在关键点的邻域中，构建一个相对于关键点方向的坐标系，并提取局部图像块中的特征描述子。

（2）SIFT特征描述子

对于每个关键点，SIFT算法会计算一个具有128维的特征描述子。这个描述子表示了关键点周围图像的结构特征。通过计算关键点周围像素的梯度方向和大小，并将其转换为特征向量，SIFT算法能够描述局部图像的纹理和形状信息。SIFT特征描述子具有以下特点：

① 尺度不变性：SIFT算法在不同尺度下提取特征，使得特征对于图像的缩放具有不变性。

② 旋转不变性：通过分配关键点的主要梯度方向，SIFT算法使得特征对于图像的旋转具有不变性。

③ 光照不变性：SIFT算法通过归一化梯度幅值，增强了对光照变化的鲁棒性。

④ 局部性：SIFT算法仅关注关键点周围的局部图像信息，因此具有一定的局部性。

5.3.2 ORB算法

ORB算法，全称oriented FAST and rotated BRIEF，也就是FAST关键点检测和BRIEF关键点描述。相对于SIFT算法来说，即使没有硬件加速，该算法也可以达到较低的时间复杂度。它是通过FAST角点检测器和BRIEF描述子得到的。

（1）FAST角点检测器

FAST（features from accelerated segment test）是一种计算机视觉中常用的角点检测算法。它被广泛应用于特征提取、目标识别、图像配准等领域。FAST角点检测器的优势在于其快速的计算速度和良好的鲁棒性。相对于传统的Harris角点检测算法，FAST算法通过使用一种加速策略，可以更快地检测到角点。

FAST算法的基本思想是在图像中寻找突变的像素，也就是局部灰度值有显著变化的像素点。FAST算法定义了一个9邻域圆周，通过比较圆周上选定的16个像素点与中心像素的灰度值，来判断中心像素是否为角点。如果有超过一定数量的像素比中心像素的灰度值加上一个阈值T或减去一个阈值T，则认为中心像素是一个角点。

FAST算法的优势在于其计算速度高和对噪声的鲁棒性。FAST角点检测器对图像几何变换（平移、旋转、尺度变化）具有一定的不变性，但不具备太强的旋转不变性。为了提高FAST算法的性能，还可以进行一些改进，如FAST-9、FAST-10、FAST-12、FAST-R等变种算法，来适应不同的应用场景。FAST角点检测器常被应用于特征提取和关键点检测中，为后续的图像配准、目标跟踪、SLAM（simultaneous localization and mapping）等计算机视觉任务提供重要的特征信息。

（2）BRIEF描述子

在ORB算法中，BRIEF描述子是一种用于表示图像特征的二进制描述子。BRIEF描述子可以对图像中的关键点或特征点进行编码，以便进行特征匹配和图像识别等计算机视觉任务。ORB算法中的BRIEF根据关键点周围的像素对进行比较，并根据比较结果生成二进制编码。具体步骤如下：

① 选择像素对：从特征点周围选择一组像素对（也称为采样点）。这些像素对的选择可以是随机的，也可以基于特定的规则。

② 比较像素对：对于每个像素对，比较两个像素的灰度值。如果第一个像素的灰度值大于等于第二个像素的灰度值，则将对应的二进制设置为1，否则为0。

③ 构建二进制描述子：将所有像素对的比较结果按顺序组合起来，形成一个二进制编码，即BRIEF描述子。

ORB算法使用BRIEF描述子来描述每个关键点周围的特征。这些BRIEF描述子可以用于特征匹配、类似性判断等任务。对于特征匹配，可以使用诸如汉明距离等方法来比较BRIEF描述子之间的相似性以找到匹配的特征点对。同时，ORB算法还在BRIEF描述子的基础上进行了改进，增加了旋转不变性和尺度不变性。通过计算每个关键点的主导方向和产生多种尺度的关键点，ORB算法可以获得旋转和尺度不变性。

5.3.3 LBP算法

LBP算法，也称为局部二值模式，是一种局部纹理特征描述方法，通过比较像素与相邻像素的大小关系得到二进制编码，用于图像的纹理分析和物体识别，具有旋转不变性和灰度不变性等优点。最基本的LBP算法与一些处理图像的算法相同，都是先定义一个基本的算子，然后将算子作用在整张图像上，通过滑动窗口，来提取图像的纹理。最原始的LBP算子定义为3×3的窗口，将中心的像素值作为阈值，将其邻域与阈值比较，若邻域像素值大于等于阈值，则标记为1，否则标记为0。算法规定，将窗口左上角的像素点作为起始点，顺时针旋转，与阈值进行比较，得到一串8位的二进制数（全部都是0与1），将该二进制数转化为十进制，十进制数应该介于0至255之间，刚好与8位图像的灰度值对应，我们就将该十进制数作为该窗口中心点的像素值保存起来。当我们遍历整张图像后，就会得到一张新的图像，该图像即为提取出的纹理图。

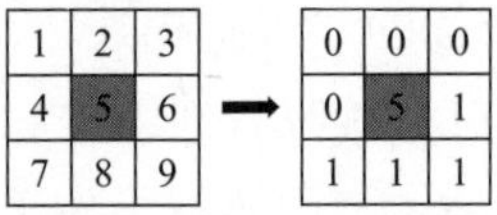

图5-6 LBP算法示意图

算法的示意图如图5-6所示。第一个图片为原始图像中某一个点像素值，之后将该点的像素作为窗口的阈值。如果周围8个点的像素值大于该点，那它的二值化结果为1，否则为0。从左上角开始按顺时针顺序就可以得到一个8位二进制数00011110，将其转换为十进制后就是30，作为该窗口中心点的像素值。按照这个过程，遍历整张图片后，就可以得到新的纹理图。

下面是一个Matlab实现LBP算法的例子。

用户："请帮我生成一段LBP算法特征提取的Matlab代码。"

ChatGPT

matlab　　复制　编辑

```matlab
% 读取图像
image = imread('your_image.jpg');  % 替换为你的图像文件路径

% 检查图像的通道数
if size(image, 3) > 1
    % 如果图像是彩色图像，将其转换为灰度图像
    grayImage = rgb2gray(image);
else
    % 如果图像已经是灰度图像，直接使用
    grayImage = image;
end

% 定义LBP相关参数
radius = 1;       % LBP圆形邻域的半径
numPoints = 8;    % LBP圆形邻域的像素点数

% 获取图像尺寸
[rows, cols] = size(grayImage);

% 初始化LBP特征矩阵
lbpFeatures = zeros(rows - 2 * radius, cols - 2 * radius);

% 遍历图像进行LBP特征提取
for i = radius + 1 : rows - radius
```

```
    for j = radius + 1 : cols - radius
        % 获取中心像素值
        centerPixel = grayImage(i, j);

        % 获取邻域像素值
        binaryPattern = zeros(1, numPoints);

        % 获取邻域的像素值，按照顺时针方向
        for k = 1:numPoints
            angle = (k - 1) * 2 * pi / numPoints;  % 计算每个邻域点的角度
            x = round(i + radius * sin(angle));
            y = round(j - radius * cos(angle));

            % 将邻域点与中心点比较
            binaryPattern(k) = grayImage(x, y) >= centerPixel;
        end

        % 将二进制模式转换为十进制值
        lbpFeatures(i - radius, j - radius) = bin2dec(num2str(binaryPattern));
    end
end

% 显示LBP特征图
figure;
imshow(lbpFeatures, []);
title('LBP Feature Image');
```

这段代码定义了LBP算法所需的半径和邻域点数。接下来遍历图像的像素，并对每个像素计算对应的LBP编码。特征矩阵以向量的形式存储，最后再创建特征图像并将原始图像和特征图像输出。图5-7是对图片进行LBP算法特征提取后的结果。

图5-7　原始图像和LBP特征图像

5.4 特征降维

特征降维是指减少特征的维度，同时保留图像数据中的主要信息，是一种将原始高维数据转换为低维数据的过程，是一种常见的图像特征处理方法。在图像处理中，特征降维可以帮助减少计算复杂度、提高计算效率，减少存储空间以及避免维数灾难等。下面我们将详细介绍奇异值分解（SVD）、主成分分析（PCA）和线性判别方法（LDA）三种特征降维方法。

5.4.1 奇异值分解

奇异值分解（SVD）是一种常用的矩阵分解方法，它可以将一个矩阵分解为三个矩阵的乘积。在图像处理中，可以利用奇异值分解来对图像的灰度矩阵进行降维操作。通过保留最大的奇异值及其相应的奇异向量，可以实现对图像的主要信息进行保留，同时减少图像数据的维度。

奇异值分解是对矩阵的分解，用于将一个矩阵分解为三个矩阵的乘积。SVD的原理涉及线性代数和矩阵理论，其原理如下：

给定一个$m \times n$的实数矩阵$\boldsymbol{A}$，SVD将其分解为如下形式：

$$\boldsymbol{A}=\boldsymbol{U\Sigma V}^{\mathrm{T}}$$

其中，$\boldsymbol{U}$是一个$m \times m$的正交矩阵；$\boldsymbol{\Sigma}$是一个$m \times n$的对角矩阵；$\boldsymbol{V}$是一个$n \times n$的正交矩阵；T表示矩阵的转置。

$\boldsymbol{\Sigma}$的对角线元素称为奇异值（singular value），通常按照从大到小的顺序排列。$\boldsymbol{U}$的列向量称为左奇异向量（left singular vector），$\boldsymbol{V}$的列向量称为右奇异向量（right singular vector）。

SVD的原理主要包含以下几个步骤：

① 对矩阵$\boldsymbol{A}$的转置矩阵$\boldsymbol{A}^{\mathrm{T}}$与矩阵$\boldsymbol{A}$进行乘积$\boldsymbol{AA}^{\mathrm{T}}$，得到一个$m \times m$的实对称矩阵$\boldsymbol{C}$。同时，也可以对矩阵$\boldsymbol{A}$与转置矩阵$\boldsymbol{A}^{\mathrm{T}}$进行乘积$\boldsymbol{A}^{\mathrm{T}}\boldsymbol{A}$，得到一个$n \times n$的实对称矩阵$\boldsymbol{D}$。

② 对实对称矩阵$\boldsymbol{C}$和$\boldsymbol{D}$进行特征值分解，得到$\boldsymbol{C}$的特征值及其对应的特征向量，以及$\boldsymbol{D}$的特征值及其对应的特征向量。

③ 对特征值进行排序，通常按照从大到小的顺序排列，得到$\boldsymbol{C}$的特征值按降序排列的序列$\lambda_1,\lambda_2,\cdots,\lambda_m$，以及$\boldsymbol{D}$的特征值按降序排列的序列$\sigma_1,\sigma_2,\cdots,\sigma_n$。

④ 计算$\boldsymbol{C}$的特征值的平方根和$\boldsymbol{D}$的特征值的平方根，得到对角矩阵$\boldsymbol{\Sigma}$。其

中，$\boldsymbol{\Sigma}$的对角线元素为奇异值，按照特征值的降序排列，即$\boldsymbol{\Sigma}=\text{diag}(\sigma_1,\sigma_2,\cdots,\sigma_n)$。

⑤ 从特征向量矩阵中选择与特征值对应的特征向量，得到$\boldsymbol{U}$和$\boldsymbol{V}$。其中，$\boldsymbol{U}$的列向量为$\boldsymbol{C}$的特征值对应的特征向量，按照奇异值的降序排列；$\boldsymbol{V}$的列向量为$\boldsymbol{D}$的特征值对应的特征向量，按照奇异值的降序排列。

通过上述步骤，可以完成对矩阵$\boldsymbol{A}$的奇异值分解，得到$\boldsymbol{U}$、$\boldsymbol{\Sigma}$和$\boldsymbol{V}$，从而实现对原始矩阵的表达、特征提取和降维等操作。SVD在图像处理、数据压缩、推荐系统以及信号处理等领域具有广泛的应用。它不仅可以用于降维和提取重要特征，也可以用于矩阵逆运算、近似重构和噪声去除等任务。接下来我们看一个奇异值分解的应用。

用户："请帮我生成一个奇异值分解应用于特征提取中的Matlab代码。"

ChatGPT

matlab　　复制　　编辑

```matlab
% 读取图像并将其转换为灰度图像
image = imread('image.jpg');  % 请确保图像路径正确
gray_image = rgb2gray(image);  % 将彩色图像转换为灰度图像

% 对灰度图像进行奇异值分解
[u, s, v] = svd(double(gray_image));

% 选择前k个奇异值进行特征提取（k为自定义的特征数量）
k = 50;  % 可以根据需要调整k的值
u_red = u(:, 1:k);
s_red = s(1:k, 1:k);
v_red = v(:, 1:k);

% 重构图像
reconstructed_image = u_red * s_red * v_red';

% 显示原始图像和重构图像
figure;
subplot(1, 2, 1);
imshow(gray_image);
title('Original Image');

subplot(1, 2, 2);
imshow(uint8(reconstructed_image));
title('Reconstructed Image');
```

在这个示例中，将彩色图像转换为灰度图像后，对灰度图像进行奇异值分解，得到左奇异向量矩阵***U***、奇异值矩阵***S***和右奇异向量矩阵***V***。接下来，选择前*k*个奇异值及其对应的奇异向量进行特征提取，构建降维后的矩阵***U***_red、***S***_red和***V***_red。通过乘积***U***_red×***S***_red×***V***_red重构图像，再将原始图像和重构图像进行对比显示。当然也可以自定义特征数量*k*，根据需要进行特征提取和图像重构。这个示例展示了如何利用奇异值分解进行图像特征提取的基本流程。在实际应用中，还需根据具体问题进行调整和优化，图5-8是原图和重构后的对比结果。

图5-8　原始图像和重构图像

5.4.2　主成分分析

主成分分析（principal component analysis，PCA）是一种常用的无监督学习方法，其原理基于线性代数和统计学概念。它主要用于降低数据的维度和提取主要特征。PCA通过线性变换将原始特征空间映射到一个新的空间，称为主成分空间，以便降低数据的维度并提取主要特征。主成分分析从原理上可以分为以下几个步骤来完成：

① 数据标准化：对原始特征数据进行标准化处理，以确保每个特征具有相同的尺度。这一般是通过将每个特征的均值减去并除以标准差来实现。标准化可以消除特征之间由于尺度差异引起的偏差。

② 协方差矩阵计算：根据标准化后的特征数据计算协方差矩阵。协方差矩阵反映了特征之间的线性相关性程度。协方差矩阵的元素cov(x_i, x_j)表示特征x_i和x_j之间的协方差。

③ 特征值分解：对协方差矩阵进行特征值分解，得到特征值和对应的特征向量。特征值表示数据中的方差，特征向量表示数据在新特征空间中的方向。特征值的大小表示数据在相应特征向量方向上的方差大小。

④ 特征值排序：将特征值按照降序排列，以便选择最重要的特征。特征值较大的特征对应于数据中的主要变化模式。

⑤ 特征向量选择：根据选择的特征值，选择相应数量的特征向量作为主成分。通常选择特征值较大的前k个特征向量，其中k是要降低到的维度。

⑥ 主成分投影：将原始数据投影到选定的主成分构成的新特征空间中。这可以通过将原始数据与选定的特征向量点乘来实现。投影后的数据具有更低的维度，但仍然保留了原始数据中的主要模式和变化。

通过主成分分析，原始数据被转换到新的低维特征空间，其中的特征向量称为主成分。主成分表示了原始数据中的最大方差方向，因此保留了最重要的信息。通过选择适当数量的主成分，可以实现数据降维，减少数据复杂性，同时能够保留原始数据中的主要信息。主成分分析可以降维和提取数据的主要特征，有助于简化数据分析、可视化数据、挖掘隐藏模式等任务。以下便是一个主成分分析在特征提取中的应用。

用户："请生成一段主成分分析用于数字图像处理的Matlab代码。"

ChatGPT

```
% 读取数据集
load fisheriris.mat; % MATLAB自带的鸢尾花数据集
x = meas; % 输入数据（150x4矩阵，每行代表一个样本，4个
irisTargets = species; % 目标标签（类别）

% 数据标准化
x = zscore(x);

% 计算协方差矩阵
c = cov(x);

% 特征值分解
[v, D] = eig(c); % v是特征向量矩阵，D是特征值矩阵

% 特征值排序
[r, idx] = sort(diag(D), 'descend');
v = v(:, idx); % 将特征向量按特征值降序排列
```

```
% 选择主成分数量
k = 2; % 选择前2个主成分

% 主成分投影
PC = x * v(:, 1:k); % 投影到前k个主成分

% 绘制投影结果
figure;
gscatter(PC(:, 1), PC(:, 2), irisTargets, 'rgb', 'o
xlabel('主成分1');
ylabel('主成分2');
title('主成分分析的特征提取');
```

在这个示例中，我们将数据集（鸢尾花数据集）加载到变量*x*中，并进行数据标准化。接下来，计算输入数据的协方差矩阵***c***。然后，对协方差矩阵进行特征值分解，得到特征值矩阵***D***和特征向量矩阵***v***。我们将特征向量按特征值降序排列。

我们选择要保留的主成分数量*k*，并将数据投影到所选的前*k*个主成分上，得到投影后的主成分矩阵***PC***。可选的步骤是计算解释方差比例，这代表每个主成分对总方差的贡献比例。再加上一行代码：title('主成分分析的特征提取')；即可实现特征提取的主成分在二维空间中的展示，并根据原始数据集的目标变量进行分类绘制。如图5-9所示。

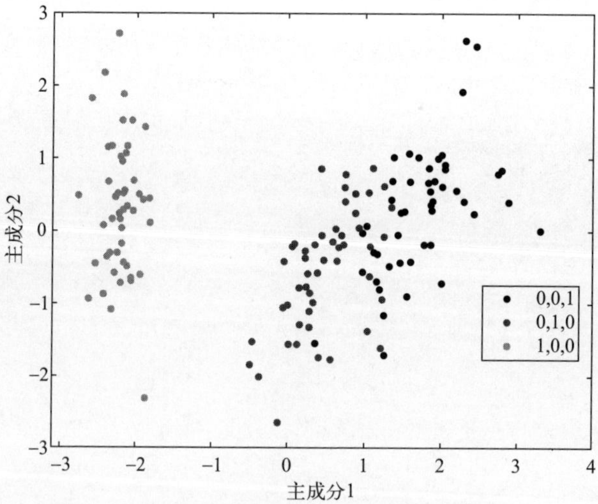

图5-9　主成分分析的特征提取

5.4.3 线性判别方法

线性判别方法（linear discriminant analysis，LDA）是一种通过学习线性投影来实现特征提取和类别区分的方法。LDA是一种经典的有监督学习方法，主要用于特征提取和分类任务。它通过学习一个线性投影，将多维的特征空间映射到一个低维的空间，以实现特征压缩和类别区分。它最大化了类别之间的差异，同时最小化了同一类别内部的差异。通过选择投影方向，我们可以将数据从高维空间映射到低维空间，从而实现特征压缩和类别分类。LDA在模式识别、人脸识别、文本分类等领域有广泛的应用。接下来我们来看一个LDA在数字图像处理领域中特征提取的例子。

LDA的基本思想是找到一个投影矩阵，使得在投影后的低维空间中，同一类别的样本尽可能地接近，不同类别的样本尽可能地远离。通过找到这样的投影，我们可以实现在低维空间中的类别区分。

散布矩阵：LDA定义两个散布矩阵，即类别内散布矩阵（within-class scatter matrix）和类别间散布矩阵（between-class scatter matrix）。类别内散布矩阵反映了同一类别样本之间的离散程度，它是同一类别样本的协方差矩阵之和；类别间散布矩阵反映了不同类别样本之间的差异程度，它是类别均值之差的协方差矩阵。

特征值分解和主成分提取：在LDA中，我们通过对类别内散布矩阵和类别间散布矩阵进行特征值分解，得到特征值和对应的特征向量。特征值表示了在特征向量方向上的方差大小，反映了特征的重要性。特征向量表示了投影的方向，即线性判别的主要方向。

选择投影方向和降维：选择投影方向通常是通过选择特征值较大的前k个特征向量来实现，其中k是我们要降低到的维度。这些特征向量被称为线性判别向量（linear discriminant vectors，LDVs），也称为主成分。

用户：“请帮我生成一个线性判别方法应用于特征提取中的Matlab代码。”

ChatGPT

matlab 复制 编辑

```matlab
% 读取鸢尾花数据集
load FisherIris.mat;  % 以鸢尾花数据集为例
x = meas;  % 输入数据（特征矩阵），每行代表一个样本
```

```
G = species;  % 标目标量（标签）

% 数据标准化
x = zscore(x);  % 标准化数据

% 计算类均值
class_means = grpstats(x, G);  % 计算每个类别的均值

% 将目标量转换为数值标签
[~, ~, labels] = unique(G);
G = labels;

% 计算类内散度矩阵
within_class_scatter = zeros(size(x, 2), size(x, 2));  % 初始化类内散度矩阵
between_class_scatter = zeros(size(x, 2), size(x, 2));  % 初始化类间散度矩阵
total_mean = mean(x);  % 计算所有样本的均值

for i = 1:max(G)
    class_data = x(G == i, :);  % 获取每个类别的数据
    class_mean = class_means(i, :);  % 当前类别的均值
    class_scatter = (class_data - class_mean)' * (class_data - class_mean);  % 计算类内散度
    within_class_scatter = within_class_scatter + class_scatter;  % 更新类内散度矩阵

    n = sum(G == i);  % 当前类别的样本数
    between_class_scatter = between_class_scatter + n * (class_mean - total_mean)' * (class_me
end
% 特征值分解
[v, D] = eig(pinv(within_class_scatter) * between_class_scatter);  % v是特征向量，D是特征值矩阵

% 特征值排序
[~, idx] = sort(diag(D), 'descend');  % 对特征值进行降序排列
v = v(:, idx);  % 将特征向量按照特征值降序排列

% 选择主成分数量
k = 2;  % 选择前2个主成分（可以根据需要进行调整）

% LDA投影
LD = v(:, 1:k);  % LDA线性判别方向量
PC = x * LD;  % 投影到所选的前k个主成分上

% 绘制LDA结果
figure;
gscatter(PC(:, 1), PC(:, 2), G);  % 使用G作为分类标签
xlabel('Principal Component 1');
```

```
ylabel('Principal Component 2');
title('LDA Results on Iris Dataset');

% 计算解释方差比率
explained_variance = diag(D) / sum(diag(D)); % 计算每个主成分的解释方差
disp('解释方差比例: ');
disp(explained_variance(1:k)); % 显示前k个主成分的解释方差比例
```

在这个示例代码中，我们使用了鸢尾花数据集作为示例数据。代码在进行数据标准化后，再计算类别均值、类别内散布矩阵和类别间散布矩阵。然后进行特征值分解，并选择所需的主成分数量。最后再将数据投影到线性判别向量上，并绘制结果如图5-10所示。

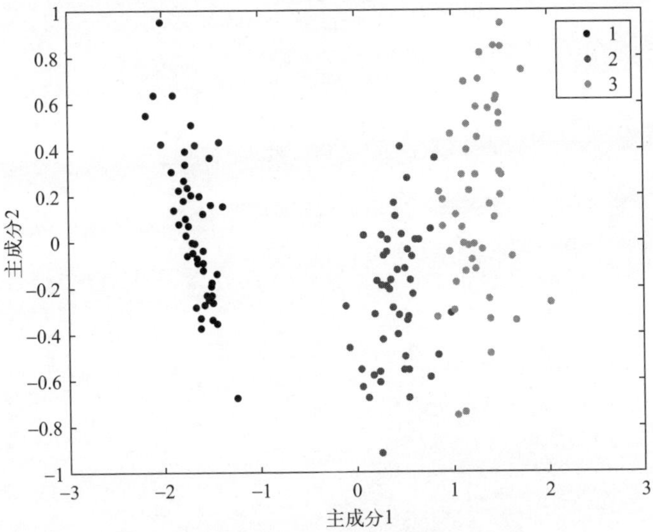

图5-10 线性判别分析的特征提取效果展示

5.5 小结

图像特征提取是数字图像处理中的重要步骤，它能够从图像中提取出代表图像内容的重要信息。在本章中，我们介绍了不同类型的图像特征提取方法。在本章开始，我们讨论了颜色特征提取方法，包括灰度直方图和颜色聚类。灰度直方图可以用于描述图像的亮度分布，而颜色聚类可以将具有相似颜色的像素聚集起来。而后，我们介绍了形状特征提取方法，包括Hu不变矩、Hough变换和Radon变换。这些方法可以用于描述图像中的几何形状特征，如直线、圆或其他形状。再者，我们介绍了关键点特征提取方法，包括SIFT算法、ORB算法和LBP算法。这些方法能够检测和描述图像中的关键点，并提取出其局部特征描述子。在本章的最后，我们探讨了特征降维的方法，包括奇异值分解、主成分分析和线性判别方法。这些方法可以将高维的特征表示降低到低维空间，以减少数据的复杂性。

图像特征提取是实现图像分析和识别的关键步骤之一，不同的特征提取方法可以从不同角度揭示图像的特征和内容。在实际应用中，我们可以根据具体的需求选择适合的特征提取方法，并结合机器学习或模式识别算法进一步地分析和应用。

第 6 章

图像识别应用初步

在当今数字时代，图像识别作为计算机视觉的重要组成部分，扮演着不可忽视的角色。本章将引领读者逐步了解图像识别的定义、发展历程，以及其在各个领域中的广泛应用。通过详细讨论图像识别的一般过程以及部署与应用，读者将建立起对图像识别全貌的清晰认识。在具体方法过程的探讨中，我们将深入研究基于模板匹配的方法，揭示其原理、优势和局限性。随后探讨基于分类器的方法，涵盖传统机器学习分类器，如支持向量机等技术，帮助读者理解在图像识别中如何训练和优化分类器。最后，我们将聚焦于当今备受关注的基于深度学习的方法，深入讨论卷积神经网络（CNN）、循环神经网络（RNN）等深度学习模型在图像识别领域中的应用，帮助读者了解目前的这些主流技术。通过对这一章的全面阅读，读者不仅能够增强对图像识别基本概念的理解，还能够掌握其应用的基础知识，为进一步深入研究和实践打下坚实的基础。

6.1 图像识别的概念

图像识别，又称为计算机视觉，是计算机科学领域中的一个重要研究方向。其核心任务是使计算机系统能够理解和解释图像内容，模仿人类的视觉对图像进行认知。其概念涵盖了一系列关键要素，包括图像的特征提取、模型构建、训练和推理等方面。这种技术是在人工智能领域的应用，旨在使计算机能够从图像中识别和理解对象、场景或模式。早期这一领域的研究主要集中在静态图像上，后来随着技术的发展逐渐扩展到视频、动态场景和实时应用等方面。图像识别的范畴包括但不限于物体识别、人脸识别、动作识别和场景理解等多方面。

图像识别的历史可以追溯到20世纪50年代，当时的研究主要集中在图像处理和模式识别上。然而，由于当时的计算能力和数据限制，取得的成果有限。随着计算机性能的提升和大数据时代的到来，图像识别经历了革命性的发展。特别是深度学习技术的兴起，如卷积神经网络（CNN）的广泛应用，使图像识别在准确性和效率上取得了显著的突破。

图像识别在各个领域都有广泛的应用，对社会、工业和科学等方面产生了深远的影响。在医疗领域，图像识别用于医学影像分析、病变检测和辅助诊断。在交通领域，可用于智能交通系统、车辆识别和驾驶辅助。在农业领域，图像识别被用于植物病害检测、农田监测和智能农业。此外，图像识别还广泛应用于安防监控、媒体内容分析、虚拟现实等领域。

尽管图像识别取得了巨大成功，但仍面临一些挑战。复杂场景、光照变化、遮挡等问题使得图像识别在复杂条件下表现不稳定。解决这些挑战需要深入研究算法改进、多模态信息融合和大规模标注数据集等内容。未来发展方向包括对更复杂任务的扩展，如跨域图像识别、弱监督学习和自监督学习，以更好地适应多样化的应用场景。

6.2 图像识别的一般过程

图像识别的一般过程是一个系统性的流程，涉及多个关键步骤，从图像采集到最终的部署与应用，如图6-1所示。在这个过程中，计算机通过模仿人类视觉系统的方式，逐步理解和解释图像内容。图像在采集与预处理阶段，通过清理、去噪和标准化等操作，确保输入数据的质量。特征提取与选择阶段关注从图像中提取关键特征，为后续模型构建奠定基础。模型构建与训练阶段涉及选择适当的算法和架构，并通过训练模型进行优化。在测试与评估阶段，模型要经过严格的测试，评估其在新数据上的性能。最终，通过部署与应用，图像识别技术才可以运用于各个领域，为社会、工业和科学等带来便利。这一综合过程凝聚了图像识别技术的精髓，推动着其在人工智能领域的不断发展。

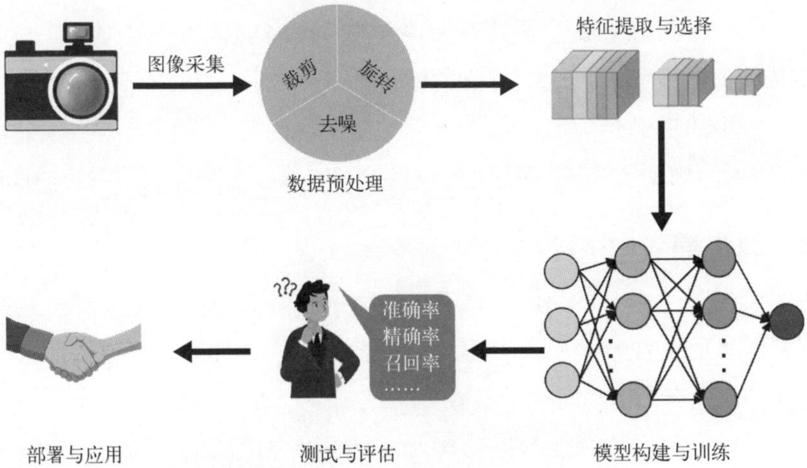

图6-1 利用深度学习进行图像识别的一般过程

6.2.1 图像采集与预处理

图像采集与预处理是图像识别过程中至关重要的步骤，它直接影响着后续特征提取和模型训练的效果。在这个阶段，技术人员需要致力于获取高质量、标准化的图像数据，并对这些数据进行预处理以满足图像识别任务的需求。

图像采集涉及获取源图像的过程，而图像的来源可以是摄像头、卫星、传感器等多种设备。在这一过程中，需要考虑到采集设备的性能、分辨率、光照条件等因素。高质量的图像能够提供更为清晰和丰富的信息，为后续的图像处理奠定基础。但是，采集的图像可能包含不同尺寸、角度、光照条件和噪声。因此，在采集阶段，我们需要对图像进行标定，确保它们具有一致的尺寸和方向，才能进行后续的处理。

图像预处理阶段的目标是通过一系列操作提高图像质量，从而减少噪声和干扰，以满足图像识别任务的需求。图像清理与去噪可以帮助消除噪声和不必要的细节，确保图像足够清晰。亮度和对比度的调整使图像能够适应不同的光照条件，从而更易于识别。色彩标准化有助于统一图像的颜色空间，提高模型对特征的学习效果。进一步的处理还包括图像的裁剪和缩放，以确保图像具有相同的尺寸，从而简化后续处理过程。直方图均衡化通过调整像素分布提高对比度，使图像更具辨识度。角度校正是为了应对图像可能存在的旋转或倾斜，确保它们在相同方向上进行处理。这些步骤的有机组合最终为了获得一组经过优化的图像，为后续的特征提取和模型训练提供良好的输入。

设计和执行图像采集与预处理步骤，能够提高模型的鲁棒性，使其对不同来源和条件的图像都能表现出良好的性能。这一过程为图像识别的成功奠定了基础，为模型的进一步学习提供了可靠的基础。因此，图像采集与预处理在图像识别应用中扮演着至关重要的角色，直接影响着整个图像识别系统的性能。

6.2.2 特征提取与选择

在图像识别的一般过程中，特征提取与选择是其中的关键步骤，它能够帮助我们从海量的图像数据中提取出具有代表性和区分性的特征，为后续的分类和识别任务提供有效的信息。

特征提取是将原始图像数据转换为具有代表性信息的特征集的过程。在图像识别中，常用的特征提取方法包括手工设计的特征和深度学习模型。手工设计的特征通常基于领域知识，包括形状、颜色、纹理等方面的信息。例如，通过提取图像的边缘、角点或色彩直方图等特征，可以捕捉到图像的局部和全局信息。这些特征的选择取决于具体问题和应用场景，需要经验和领域专业知识的指导。深度学习中的卷积神经网络通过层层卷积和池化操作，能够自动学习图像中的抽象特征。这些特征是在网络的中间层次中产生的，具有层级结构，能够捕捉图像的层次化信息。由于深度学习模型具有端到端的学习特性，因此在一定程度上减轻了手工设计特征的负担，提高了识别的性能。

在进行特征选择时，常面临梯度爆炸和过拟合的挑战。因此，选择最相关的特征是确保模型泛化性能的关键一步。选择特征时，要选择与目标任务相关性高的特征，能够提供更多有助于分类或回归的信息；还要避免选择高度相关的特征，这些特征可能包含冗余信息，不利于模型的泛化；对数据变化不敏感的特征能够提高模型在不同数据集上的鲁棒性，而易于解释的特征有助于我们理解模型的决策过程和结果。特征选择能够减少模型的计算负担，提高模型的训练效率，并且有助于避免过拟合等问题的发生。通过合理选择特征，可以将模型的复杂度控制在合适范围，避免过多的参数导致模型的泛化能力下降。

因此，特征提取与选择需要结合具体问题和数据特点选择适当的方法。合理选择特征不仅能够提高模型性能，还能够增强对图像背后语义信息的理解，推动图像识别技术在各个领域的应用。

6.2.3 模型构建与训练

在图像识别的一般过程中，模型构建与训练是不可或缺的环节，它涉及选择适当的算法、架构和数据，以最大程度地提高模型的性能。构建有效的分类器或深度学习模型，能够将特征向量映射到各个类别空间中进行分类和识别。

在模型的构建中，模型的选择至关重要，可选择传统的机器学习算法（例如：支持向量机、决策树和随机森林等）或深度学习算法（如卷积神经网络、循环神经网络等）进行模型设计。在选择算法时，需考虑其适应性、精度和计算效率等因素。在图像识别领域，深度学习模型如卷积神经网络（CNN）常被广泛采用。CNN能够有效地捕捉图像中的局部特征，并通过多个卷积层和池化层进行层次化的特征提取。此外，选择适当的损失函数也是必不可少的，常见的损失函数包括适用于多分类问题的交叉熵损失函数，以及适用于回归问题的均方误差损失函数。在模型的构建过程中，还需定义模型的结构和参数，包括层次结构、激活函数的选择以及连接方式。在CNN中，卷积层的深度和卷积核的大小等超参数的人为选择对于提高模型性能至关重要。为防止模型的过拟合，还可以通过添加正则化技术，如Dropout，提高模型的泛化能力。

在模型构建之后，需要对模型进行训练。训练的目的是使模型学习从训练数据中提取的特征来适应给定的任务。为此，需要一个大规模、多样化的标注数据集。数据集的划分要谨慎，通常将其分为训练集、验证集和测试集，以便对模型进行调整和评估。对于传统机器学习算法，可通过交叉验证等方式调整模型参数，来优化模型性能；对于深度学习模型，则需要准备充分的数据样本，使用反向传播算法进行训练，并进行迭代优化。在训练过程中，还需关注模型的泛化性能，即模型是否能够适应新的数据集，从而进行识别任务。为实现更好的泛化性能，通常需要对模型进行正则化等操作，防止模型过拟合。

6.2.4 测试与评估

在图像识别领域，测试与评估是确保模型性能和泛化能力的关键环节。这一步骤不仅涉及对模型的定量评价，还包括了对模型输出的质量和准确性的深入分析。

在进行测试之前，需要构建一个全面而具有代表性的测试数据集。这个数据集需要覆盖各种场景、光照条件和物体变化，以确保模型在不同情境下的稳健性。

在测试与评估阶段，需要选择适当的性能指标来评估图像识别模型。常用的指标包括准确率、精确度、召回率、F1 分数等。准确率衡量了模型正确识别图像的能力，而精确度和召回率则提供了更详细的信息，尤其在处理不平衡数据集时尤为重要。混淆矩阵是评估分类模型性能的重要工具。通过混淆矩阵，我们可以了解模型在不同类别上的表现，包括真正例、真负例、假正例和假负例的数量。这有助于发现模型在特定类别上可能存在的识别精度不高的问题，进而进行针对性的改进。为了更全面地评估模型的泛化能力，通常采用交叉验证的方法。将数据集分成多个折（folds），模型在每个折上训练和测试，最终取平均性能作为评估结果。这有助于减小评估结果对特定数据分布的依赖性，提高评估结果的可靠性。

在评估过程中，要根据具体任务和应用场景进行灵活调整，以满足需求。同时，也要注意评估结果的合理解释，避免单一指标的片面解读。通过测试与评估，能够全面了解模型的性能并做出优化决策，进而不断提升图像识别系统的准确性和可靠性，应对不断变化的实际应用需求。

6.2.5 部署与应用

部署与应用是将图像识别模型转化为现实场景应用的关键环节。通过选择合适的部署环境，进行模型集成和优化、数据准备和适配、系统测试和优化以及应用推广和监测，可以实现图像识别模型在实际场景中的稳定运行和有效应用，为各个领域提供准确、高效的图像识别解决方案。

在部署之前，选择适当的部署环境至关重要。根据实际需求和资源限制，可以选择将模型部署在本地设备或云服务器上。本地设备部署适用于对实时性要求较高并且数据量较小的场景，而云服务器和边缘计算平台则适用于处理大规模数据和满足分布式计算的需求。部署完成后要进行模型的集成和优化，将训练好的模型与部署环境进行无缝集成，并对模型进行性能优化和资源管理，以提高系统的效率和响应速度，包括对模型进行剪枝、量化、压缩等技术优化，以减小模型的大小和计算复杂度，同时保持较高的识别准确率。

然后需要根据实际应用中的图像特点和需求，对输入数据进行预处理和格式转换，以满足模型的输入要求。此外，还可以采用数据增强技术来增加样本的多样性和鲁棒性，提高模型的泛化能力。随后进行系统的测试和优化，在实际场景中对部署好的图像识别系统进行全面测试，包括输入数据的稳定性、模型的准确性和系统的性能等方面。通过综合测试结果，不断优化系统的参数设置、模型的调整和算法的改进，从而提升系统的识别精度和用户体验。

最终，需要将模型在实际应用中进行推广和监测。将已部署的图像识别系统投入实际运用，并密切关注其运行情况和效果。通过收集用户反馈和进行数据统计，持续改进系统的功能和性能，更好地满足用户的需求。及时修复系统可能存在的漏洞，确保系统的稳定性和安全性。这一过程是不断迭代的，确保图像识别系统在实际应用中持续发挥良好的效果。

6.3 图像识别的方法类型

图像识别作为计算机视觉领域的重要分支，涵盖了多种方法类型，每种都在不同场景和任务中展现其独特优势。我们将深入探讨三种主要的图像识别方法类型，即基于模板匹配的方法、基于分类器的方法以及基于深度学习的方法。

模板匹配是一种经典而直观的图像识别方法，其核心思想是通过比较已知模板与目标图像的不同位置，找到最相似的区域。该方法适用于一些特定的应用场景，如目标检测、人脸识别和医学图像分析。然而，模板匹配也面临光照、旋转和尺度变化等方面的挑战，因此在实际应用中需要谨慎选择。基于分类器的图像识别方法侧重于训练能够将图像分为不同类别的模型。这包括传统的机器学习分类器，如支持向量机等。通过提取图像特征并进行训练，能够在目标分类任务中表现出色。然而，它们对于复杂的图像结构和大规模数据的处理能力相对有限，这促使了深度学习方法的兴起。深度学习作为图像识别领域的一项重要技术，通过构建深层神经网络实现对图像的高级抽象和特征学习。卷积神经网络（CNN）和循环神经网络（RNN）等深度学习架构在图像分类、目标检测和语义分割等任务中取得了巨大成功。这些方法对于处理大规模数据集和复杂图像结构具有优势，然而，它们也需要大量的计算资源和训练数据。不同的图像识别方法各具优势，适用于不同的应用场景。随着技术的不断发展，需要在不同方法之间寻求平衡，从而提高图像识别的准确性、效率和鲁棒性。

6.3.1 基于模板匹配的方法

基于模板匹配的方法是一种简单而有效的计算机视觉技术，它可以快速、准确地从图像中识别出预定义的目标或模式，适用于静态场景下特定目标的识别和跟踪。其基本原理是将一个已知的模板或样本与待处理图像进行比较，以寻找相似度高的目标物体。具体来说，首先需要准备一个已知的模板或样本，它包含想要寻找或识别的目标物体的特征信息。例如，在物体检测中，可能会准备一张汽车的样本图片，包括汽车的形状、颜色等特征；在人脸识别中，可能会准备一组包括人脸轮廓、眉毛、眼睛、鼻子和嘴巴等关键点的位置信息。然后，将该模板与待处理图像进行比较，以寻找相似度高的目标物体。在比较时，通常使用各种算法和技术来计算模板与图像中不同位置的相似度。例如，可以计算两者之间的欧几里得距离，或使用基于统计学特征的方法，如局部二值模式（LBP）或方向梯度直方图（HOG）等。当计算出每个位置与模板的相似度值后，就可以选择一个阈值，比较相似度值是否高于该阈值，如果高于就将其视为目标物体存在。而在实际应用中，还经常使用一些其他技术和算法来消除干扰和提高识别准确度，例如滤波、分割和形态学操作等。

基于模板匹配的识别技术在许多领域中都有着广泛的应用。它可以帮助我们实现自动化目标检测，进行物体识别和人脸识别等任务，为图像处理和计算机视觉提供了一种简单而有效的解决方案。以下是一些常见的实际应用场景：

物体检测与识别：基于模板匹配的方法可以用于物体检测和分类。首先准备包含目标物体特征的模板，然后在待处理图像中寻找相似度高的目标物体，实现物体的检测和定位，这在自动驾驶、视频监控等领域有着重要的应用。

目标跟踪：为实现目标跟踪，可以应用基于模板匹配的方法。在一个视频序列中，先选择一个初始模板来表示目标物体，然后通过不断更新模板的位置和形状，实现对目标的跟踪，这在视频分析、智能监控等领域具有重要意义。

人脸识别：首先准备包含人脸特征的模板，比如关键点位置信息等，然后与待处理图像中的人脸进行比较，进而实现人脸的识别和身份验证，可以在安防系统、人机交互等领域发挥重要作用。

图像匹配：基于模板匹配的方法还可应用于图像相似度比较和匹配。首先准备包含图像特征的模板，然后寻找待处理图像中与之相似度高的区域或图像，从而实现图像的匹配和检索。

例如：利用模板匹配的方法进行手写数字识别，需要准备一个包含各个数字的模板库，这些模板可以是标准的手写数字图像，每个数字对应一个模板。对于输入的手写数字图像，系统将其与模板进行比较，比较的指标可以是像素级的相似度，即对比两张图片相应位置图像像素之间的差异。识别系统通过计算两者的差异度或相似性来选择与输入图像最相似的模板作为识别结果。具体的过程如下：

输入的手写数字图像可能包含噪声、倾斜或缩放的问题，因此需要对输入图像进行初步的预处理，包括去噪、二值化、大小归一化和细化等步骤，确保输入图像符合模板的标准格式。对于每个数字模板，将其与输入图像进行比较。可以使用像素级的差异度或其他相似性度量方法，如均方差或相关系数。识别系统会选择与输入图像相似度最高的模板作为最终的识别结果。相似度的度量可以根据具体的需求进行调整，通常设置一个阈值，超过阈值的模板即被认为是匹配成功。确定最佳匹配后，系统将输出对应的数字标签作为手写数字的识别结果。如图6-2所示。

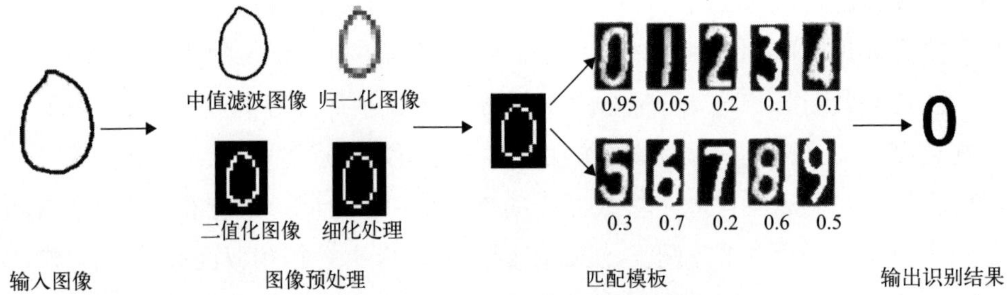

图6-2 基于模板匹配的手写数字识别

通过上面的讲述，基于模板匹配的应用识别方法在物体检测、目标跟踪、人脸识别和图像匹配等实际应用场景中具有重要作用。它为我们提供了一种简单而有效的方式来进行目标识别和定位，推动着计算机视觉领域的发展和进步。

6.3.2 基于分类器的方法

基于分类器的应用识别是一种常见的计算机视觉技术，它通过训练一个分类器来将输入图像或视频中的目标进行分类。这是一种基于机器学习的方法。这个分类器可以根据之前训练过的样本数据，学习到一些特征和模式，并将其应用到新的未知数据上。在分类器训练阶段，使用机器学习算法，如支持向量机（SVM）、决策树（DT）和随机森林（RF）等，来训练一个模型。这个模型会根据已有的图像样本和相应标签，自动学习不同特征与类别之间的关系，并生成一个决策边界或分类规则。训练过程中会对模型进行调优，以提高分类的准确性和泛化能力。

这种基于分类器的应用识别方法具有很多实际应用。在医学影像领域，可以利用分类器对病变进行自动检测和诊断；在人脸识别领域，可以通过分类器来识别人脸并进行身份验证；在垃圾邮件过滤领域，可以使用分类器将垃圾邮件和正常邮件进行区分。

除了上面提到的医学影像、人脸识别和垃圾邮件过滤等应用外，基于分类器的应用识别方法还有其他广泛的实际应用场景。在智能交通领域，可以利用分类器对交通图像或视频进行车辆检测、行人识别和交通事件监测等，从而提供智能交通管理和安全方面的支持。这样的应用可以帮助交通部门监控交通流量、改进交通信号灯控制以及提高驾驶员的行车安全性。在零售业与供应链管理中，基于分类器的应用识别方法可以通过分析销售数据并预测产品需求和库存需求，帮助优化销售策略和供应链管理。这有助于零售商提高销售效率、降低库存成本，并且能够更好地满足消费者的需求。在能源管理领域，可以使用分类器对能源数据进行分析和预测，实现能源消耗模式的识别和优化，以及能源故障的诊断与预警。这样的应用可以帮助能源公司合理规划能源供应，提高能源利用效率，同时减少能源浪费和环境污染。在运动分析领域，基于分类器的方法可以对运动视频进行姿态识别、动作分类等任务，为体育运动训练和运动健康监测提供支持。这对于教练员和运动员来说都非常有价值，能够帮助他们改善训练效果、提高竞技水平，并能够为运动健康管理提供准确的数据支持。

例如：利用支持向量机(SVM)进行人脸识别，具体的过程如下：

收集包含人脸的图像数据集。这些图像需要包括正面、侧面等不同角度和光照条件下的人脸。对这些图像进行预处理，包括裁剪、去噪、归一化等，以确保输入图像的一致性和质量。采用特征提取方法，包括主成分分析（PCA）、局部二值模式（LBP）等从每张人脸图像中提取特征，这些特征可以是与人脸形状、纹理、强度等相关的信息。之后为每个人脸样本分配标签，通常每个人脸都有一个唯一的标识符。然后，将数据集划分为训练集和测试集，确保模型在未见过的数据上进行验证。然后使用训练集对SVM模型进行训练。在训练过程中，SVM将学习如何在特征空间中找到一个最优的超平面，以有效地分离不同的人脸类别。根据训练结果，对模型进行优化，调整超参数以提高分类性能。这可能涉及交叉验证、网格搜索等方法。使用训练好的SVM模型对新的人脸图像进行识别。对于每个测试图像，提取相同的特征，并使用训练好的SVM模型进行分类。系统将输出对应的标签，表示该人脸属于哪个类别。如图6-3所示。

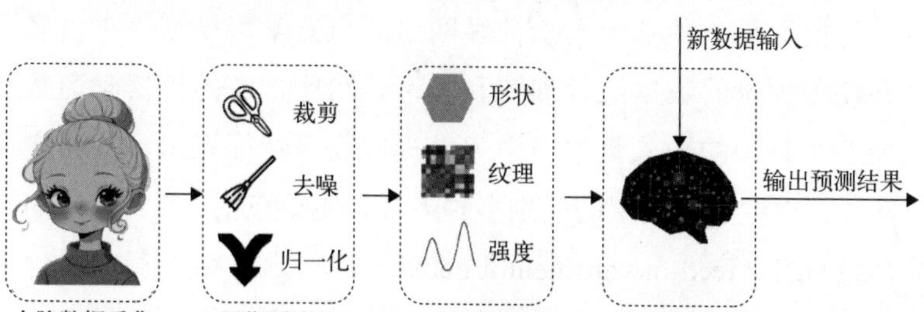

图6-3　基于SVM的人脸识别

基于分类器的应用识别方法在实际应用中具有广泛的适用性和灵活性，可以帮助人们解决各种复杂的问题，提高工作效率和决策准确性。这些方法的发展和应用将进一步推动机器学习和人工智能技术在各个领域的推广与应用。无论是在医疗、交通、零售还是农业等领域，基于分类器的应用识别方法都发挥着重要的作用，并为社会和经济发展带来了巨大的影响。

6.3.3 基于深度学习的方法

深度学习是一项强大的人工智能技术，通过模拟人脑神经网络的结构和机制，能够从复杂数据中提取高级的特征表示，并实现准确的分类和识别。其核心理念在于基于神经网络的概念，致力于模拟人脑神经元之间的相互连接和学习机制。具体而言，深度学习采用多层次的神经网络结构，逐渐学习输入数据的抽象表示，从而能够处理复杂任务。在深度学习中，神经网络的基本单元是神经元，它们通过权重连接形成层次化的结构。一个典型的深度学习模型包括输入层、多个隐藏层和输出层。每个神经元接收来自前一层神经元的输入，通过权重加权求和，并通过激活函数产生输出。深度学习的训练过程主要借助反向传播算法，通过比较模型输出和真实标签，计算误差，并运用梯度下降等优化算法调整神经网络的权重，最小化误差。这一迭代过程使得模型逐渐学习到输入数据的特征和模式。深度学习的层次化学习使其能够自动发现数据中的抽象特征，无需手动提取。每个隐藏层负责学习数据的不同层次表示，从低级特征如边缘和纹理，逐步提升到高级抽象如形状和对象。总体而言，深度学习通过模拟神经网络的结构和学习过程，实现了对复杂任务的高效学习和识别。这种层次化的特征学习使得深度学习在图像识别、语音识别、自然语言处理等领域取得了显著的成果。

深度学习模型是一种基于人工神经网络的机器学习模型，它由多层神经网络组成，并使用大量的数据进行训练和学习。相比传统的机器学习算法，深度学习模型能够从复杂的输入数据中学习并提取高级特征表示，从而实现更准确和复杂的任务。深度学习模型的类别多种多样，主要包括：

前馈神经网络（feedforward neural networks），又称多层感知机（MLP），是深度学习的基础模型之一。它由输入层、多个隐藏层和输出层组成，信息单向传播，没有反馈连接，如图6-4所示。每个神经元接收来自前一层的输入，通过权重加权求和，并经过激活函数产生输出。MLP适用于各种任务，包括分类和回归。通过多个隐藏层，网络能够学习到数据的层次化表示，从简单特征到复杂抽象。训练过程通常使用反向传播算法，通过比较模型输出和真实标签来调整权重，最小化误差。MLP在图像识别、语音处理和自然语言处理等领域取得了成功。然而，对于复杂数据和结构化数据，其他深度学习模型如卷积神经网络和循环神经网络可能更为适用。MLP作为深度学习的奠基模型，为更复杂的深度神经网络的发展奠定了基础。

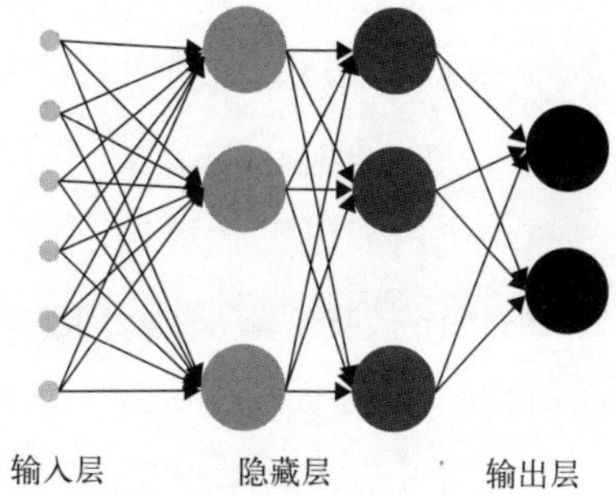

图6-4　MLP神经网络结构

卷积神经网络（convolutional neural networks，CNN）是一种专门设计用于处理图像数据的深度学习模型。其核心优势在于通过卷积层和池化层有效提取图像的局部特征，实现对复杂图像模式的学习和识别。CNN的基本结构包括卷积层、激活函数、池化层和全连接层。卷积层通过卷积操作对输入图像进行特征提取，通过权重共享减少参数数量。激活函数引入非线性，增加模型的表达能力。池化层用于降低特征图的维度，减轻计算负担。CNN广泛应用于图像分类、目标检测和图像生成等领域。它的成功在于能够有效捕捉图像的空间结构和层次特征，使其成为计算机视觉任务中的重要工具。

循环神经网络（recurrent neural networks，RNN）是一种专门用于处理序列数据的深度学习模型。与传统神经网络不同，RNN具有循环结构，允许信息在不同时间步之间传递，以更好地捕捉时序信息。RNN的关键特点是每个神经元都接收上一时间步的输出作为输入，从而使网络能够保持对先前信息的记忆。这种结构使得RNN在进行语音识别、自然语言处理等任务时表现出色。然而，传统RNN在长序列数据中存在梯度消失或梯度爆炸的问题，为此，一些改进型结构如长短时记忆网络（LSTM）和门控循环单元（GRU）被提出，有效缓解了这些问题。RNN早期广泛用于语言建模、机器翻译、文本生成等领域，其独特的循环结构使其能够有效地捕捉和利用序列数据中的信息，为时序性任务提供了强大的建模能力。

长短时记忆网络（long short-term memory，LSTM）是一种深度学习中的循环神经网络（RNN）的变体，专门设计用于解决传统RNN中的梯度消失和梯度爆炸问题，更适用于处理长序列数据。LSTM引入了三个门机制：遗忘门、输入门和输出门，以有效地控制信息的流动和遗忘。遗忘门允许LSTM选择性地遗忘前一时刻的信息，输入门负责确定当前时刻需要更新的信息，输出门决定哪些信息将传递到下一时刻。这种机制允许LSTM学习长期依赖关系，对于处理包含长距离依赖的序列数据，如语言模型和自然语言处理任务，LSTM表现出色。LSTM的结构使其能够捕获和记忆数据中的长期模式，而不受到传统RNN中梯度问题的限制。这使得LSTM在多个领域，包括机器翻译、语音识别和时间序列分析等方面，取得了显著的成功。如图6-5所示。

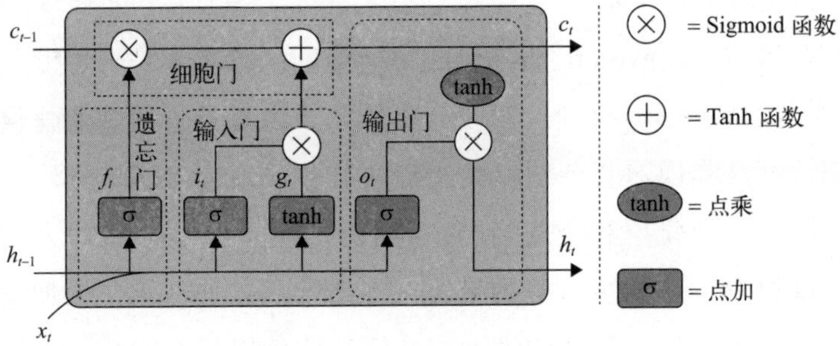

图6-5　LSTM网络结构

生成对抗网络（generative adversarial networks，GAN）是一种深度学习模型，由生成器（generator）和判别器（discriminator）组成。生成器负责生成逼真的数据，而判别器负责区分生成的数据和真实数据。二者通过对抗训练的方式共同进化，生成器努力生成更逼真的数据，而判别器努力提高对真伪数据的区分能力。GAN的核心思想在于博弈过程，生成器和判别器通过反复对抗学习，最终达到一个动态平衡。这种结构使得GAN在图像生成、风格迁移、超分辨率等任务上取得显著成功。然而，GAN也面临训练不稳定和模型崩溃等挑战，需要细致地调整和改进。GAN的引入开创了生成模型的新时代，为计算机视觉和人工智能领域带来了许多创新和突破。

You Only Look Once (YOLO) 是一种用于目标检测的深度学习网络。YOLO的独特之处在于其能够在单一前向传播中实现对图像多个目标的准确检测。该网络将图像划分为网格单元，每个单元负责预测目标的边界框和类别。通过卷积神经网络的结构，YOLO有效地捕捉图像中的上下文信息，使其在实时目标检测任务中表现卓越。YOLO的速度和精度使其在自动驾驶、视频监控和物体识别等领域得到广泛应用。由于一次前向传播即可完成检测，YOLO相比其他方法更为高效，为目标检测领域做出重大贡献。

这些模型类别在不同的任务和领域中发挥重要作用，深度学习的不断发展也带动了更多新型模型的涌现。基于深度学习的应用识别在许多领域都取得了显著的成果，并对人们的生活和工作产生了积极影响。

图像识别和分类领域中，卷积神经网络（CNN）发挥着关键作用。CNN通过多个卷积层、池化层和全连接层的组合，能够高效提取图像中的特征，使其成为处理视觉数据的理想选择。在动物识别方面，CNN可以学习到动物的形状、纹理等特征，用于保护野生动物、监测动物迁徙等生态学研究。在物体识别中，CNN被广泛应用于商品识别、无人零售等领域，提高了商业自动化水平。在人脸识别方面，CNN通过学习面部特征，实现了高精度的人脸识别技术，用于安防监控、门禁系统等场景。此外，CNN在医学影像领域的应用也不可忽视。通过训练模型识别医学影像中的病灶，如肿瘤、病变，CNN提高了医生的诊断准确性，加速了医学影像分析的过程，为临床决策提供了有力支持。

例如，利用深度学习技术对猫狗图像进行分类，如图6-6所示。该过程始于数据的收集和准备，包括收集猫和狗图像的数据集，并进行预处理以适应深度学习模型。随后，将数据集分为训练集、验证集和测试集。选择适当的模型架构，通常使用卷积神经网络（CNN）。通过深度学习框架构建模型，并进行编译，配置损失函数、优化器和评估指标。数据增强可用于提高模型的泛化能力。在模型训练阶段，使用训练集迭代多个周期，通过调整参数来最小化损失函数。在验证集上评估模型性能，监控准确率、损失等指标以防止过拟合。根据验证结果调整超参数，如学习率。最终，使用测试集评估模型的性能，确保其在新数据上的泛化能力。部署和应用阶段，将训练好的模型应用于实际场景中，对新图像进行分类。整个过程涉及数据处理、模型构建、训练和评估等多个步骤，每一步都需要仔细调整和优化以获得最佳性能。深度学习图像分类是一个广泛研究的领域，不同任务可能需要不同的技术和方法。

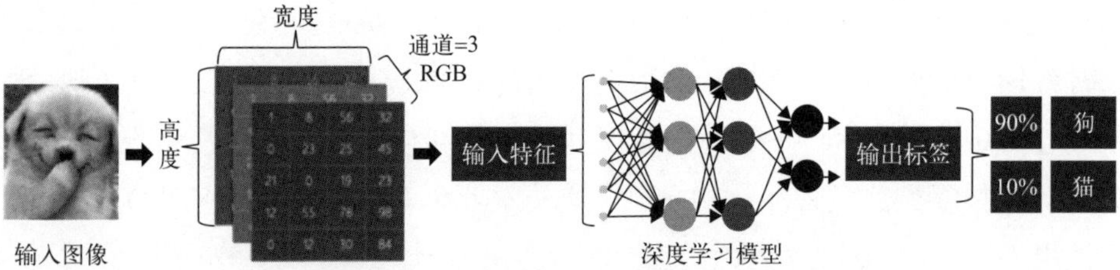

图6-6　基于深度学习的猫狗分类

目标检测模型如YOLO在实时检测图像中多个目标方面具有广泛应用。在自动驾驶领域，这些模型能够识别行人、车辆和交通标识，为车辆提供精准的环境感知，实现智能导航和自动避障。在视频监控中，目标检测模型可用于实时监测人员活动、异常行为，提高安防效能，例如在公共场所、商业区和交通枢纽。在工业检测方面，这些模型能够检测生产线上的缺陷、异常物体，提高生产质量和效率。此外，目标检测还应用于农业领域，用于识别作物状况和害虫，为农业生产提供精准管理。这些实际应用突显了目标检测模型在多个领域中的关键作用，为实现智能化、安全性和效率提供了强大支持。

在自然语言处理（NLP）领域，循环神经网络（RNN）和长短时记忆网络（LSTM）被广泛应用于机器翻译、情感分析和文本生成等任务。RNN和LSTM能够捕捉文本中的上下文信息，处理变长序列数据。在机器翻译方面，RNN和LSTM通过学习语言的上下文关系，实现了更准确的翻译。Google Translate便是利用这些模型，通过深度学习技术提供了高质量的翻译服务。在情感分析中，RNN和LSTM可以理解文本中的情感色彩，帮助判断评论或文章的情感倾向，这在社交媒体监控、产品反馈分析等方面具有重要作用。另外，语音助手如Siri和Google Assistant也运用了RNN和LSTM，以更自然的方式理解和回应用户的语音命令，提升了语音交互体验。这些应用充分展示了RNN和LSTM在处理自然语言任务中的卓越性能。

生成对抗网络（GAN）可用于生成具有逼真外观的图像。风格转换是一项常见的应用，通过训练GAN，可以将图像从一个风格转换为另一个，例如将一幅画的风格应用到真实照片上。这为艺术创作提供了新的可能性，允许艺术家以独特的方式重新呈现图像。DeepArt是一个典型的应用，使用深度学习技术实现艺术风格的图像转换。通过将图像与艺术作品的风格相结合，生成引人入胜的合成图像。StyleGAN是GAN的一种变体，专注于生成高分辨率、逼真的图像。它在图像增强领域发挥重要作用，使得生成的图像更加细致、自然，可应用于人脸合成、影视特效等方面。总体而言，GAN在图像生成领域的成功应用为艺术、设计和图像处理等领域带来了创新，为创作者提供了强大的工具，同时也拓展了图像处理的应用范围。

随着深度学习技术的不断发展和数据的丰富，深度学习在实际应用中的重要性和应用范围也在不断扩大。通过准确识别和对不同的应用进行分类，深度学习可以帮助我们更好地理解和管理应用的使用情况，为相关领域的决策和优化提供支持，并改善用户体验和服务质量。

6.4 小结

在本章中，我们深入探讨了图像识别的初步应用，从概念到方法过程，系统地介绍了这一领域的关键要素。我们对图像识别的概念进行了阐述，包括其定义、历史背景以及在现代科技和生活中的重要性。通过列举经典的图像识别应用案例，引发读者对这一主题的兴趣。我们还深入研究了图像识别的一般过程，涵盖了图像采集与预处理、特征提取与选择、模型构建与训练、测试与评估以及部署与应用。详细讨论了每个阶段的关键步骤和方法，以确保读者对图像识别全过程有清晰的了解。随后，我们探讨了图像识别的方法过程，包括基于模板匹配的方法、基于分类器的方法以及基于深度学习的方法。通过介绍每种方法的原理、优势和局限性，读者能够更好地理解不同技术的应用领域和适用场景。通过阅读本章，读者将对图像识别领域有个初步的认识，逐渐了解图像识别的概念、过程和方法，为深入学习和实践图像识别打下坚实的基础。

第 7 章 基于 OCR 字符提取的车牌识别

7.1 车牌识别背景

车牌字符提取在现代交通管理、安全监控和智能交通系统中扮演着至关重要的角色。城市交通压力的日益增长和车辆数量的迅速增加，使得自动化车辆识别和跟踪变得不可或缺。这一技术可应用于多个项目背景，包括车牌识别系统、停车管理、交通管理、安全监控和智能交通系统。在这些项目中，可以借助Matlab通过多个步骤来处理车牌图像，进而提取车牌上的字符。这包括图像预处理、字符定位和分割，确保在不同的环境下，如低光照、不同角度或存在噪声的情况下，依然能够准确地提取车牌字符。通过这些技术，车牌字符可以被准确提取，进而支持各种应用，包括车辆识别、停车管理、交通流量分析和安全监控。借助Matlab的车牌字符提取方法，不仅提高了工作效率，还减少了对人工干预的需求，从而提高了数据准确性和可靠性，有助于改善交通管理和安全监控领域的效能和效果。这一技术在处理车牌字符识别问题上具有广泛的应用前景。ChatGPT可以提供关于图像处理、模式识别和机器学习方面的专业建议，在本项目中，我们将借助ChatGPT进行算法设计，以优化字符提取的准确性和效率。同时，ChatGPT可以提供相关的Matlab代码，并进行深度解读，帮助我们更好地利用Matlab的功能和特性，进而达到更好的图像处理效果。

7.2 车牌识别原理

车牌识别项目旨在从车牌图像中提取车牌字符以支持各种应用，相关的原理可以由ChatGPT提供，如图7-1所示。首先，从摄像头或图像源获取车牌图像。车牌图像需要在不同环境下通过拍摄得到，包括低光照、不同角度和其他可能存在噪声的情况。对采集到的车牌图像进行预处理，通过图像处理技术，利用Matlab的边缘检测、颜色过滤等方法提取车牌位置。随后，采用边缘检测、轮廓提取等技术将车牌字符从车牌图像中精准提取出来。接着，利用OCR文本识别方法对每个字符进行识别。最终，将识别结果绘制在原始图片上，通过ChatGPT的专业指导确保文本绘制和图像合成的效果清晰、美观，从而完成整个车牌号识别流程，如图7-2所示。

整个项目的核心在于使用图像处理技术，从车牌图像中提取出清晰的字符。

这一方法在不同项目背景下发挥着重要的作用，为自动化和提高效率提供了关键支持。

基于MATLAB的车牌字符提取原理

基于 MATLAB 的车牌字符提取原理通常包括以下几个步骤：

1. **预处理**：首先读取图像，并对图像进行预处理，以增强字符区域与背景之间的对比度。常见的预处理操作包括图像灰度化、直方图均衡化、滤波去噪（如中值滤波或双边滤波）、边缘检测（如Sobel、Canny）以及图像二值化等。
2. **车牌定位**：通过边缘特征、颜色信息或形态学操作（如开运算、闭运算）等方法，提取出可能包含车牌的区域。这一步主要是缩小处理范围，通常通过检测矩形区域、长宽比、纹理等特征判断车牌候选区域。
3. **字符分割**：在确定车牌区域之后，需要将其中的每个字符从图像中分离出来。常用的方法包括垂直投影法（统计每列像素值分布）和连通域分析（通过区域属性筛选字符区域），以实现对单个字符的有效切割。
4. **字符识别**：将分割出的字符图像输入到 OCR（光学字符识别）系统中进行识别。MATLAB 提供了 OCR 工具箱，可以直接对字符图像进行识别，输出对应的字母或数字。

以上步骤综合利用了图像处理和计算机视觉技术，在 MATLAB 环境中可以快速实现车牌字符的自动提取与识别。

图7-1　基于Matlab的车牌字符提取原理

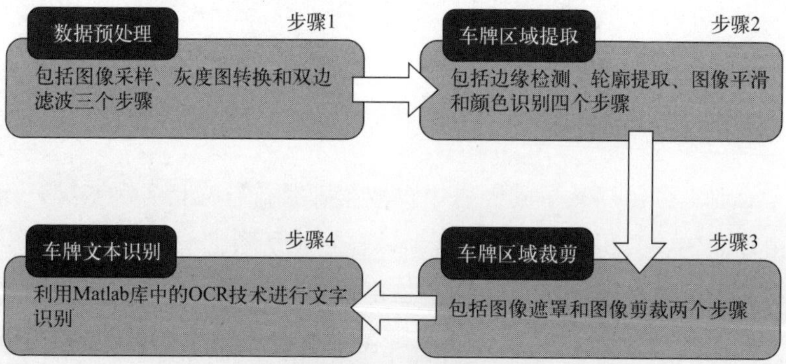

图7-2　基于Matlab的车牌字符提取流程图

7.2.1　数据预处理

准备的原图片可能存在分辨率低、模糊等问题，为了方便后续的一系列操作，首先要对原图片进行预处理。

图像采样：在进行预处理时，首先选取要处理的图像，即图像采样。车牌的检测和识别算法应该以稳定的性能工作，由于摄像设施位于户外，可能受光照条件、车辆速度、拍摄距离与角度等因素的影响，进而导致拍摄的图像产生歪斜、磨损和分辨率低等问题，因此还需对采样后的图像进行一系列的处理。

灰度图转换：将采样后的图像转换为灰度图。灰度图只包含亮度信息，相比彩色图更易处理，能极大地提高后续算法的稳定性和运行速度。

双边滤波：双边滤波能够在保留图像边缘信息的同时降低噪声，可以为后续步骤提供清晰的图像。

7.2.2 车牌区域提取

通过识别车牌的轮廓，进而从图片中提取车牌区域。这一步为后续的颜色识别和OCR文本识别提供只包含车牌的图像区域。

边缘检测和轮廓提取：用Canny边缘检测算法，能够有效地找出图像中车牌的边缘信息，为轮廓提取做准备。使用cv2.findContours函数来寻找图像中的轮廓。基于边缘检测结果，按照轮廓的面积进行排序，来选择可能是车牌的轮廓。这一步是为进一步处理车牌区域做准备。

图像平滑：对提取的车牌区域进行平滑处理，以减少图像中的噪声，提高后续处理步骤的准确性。平滑处理能够更清晰地识别车牌并提取特征。

颜色识别：对车牌区域进行颜色识别，判断主要颜色是红色、蓝色还是未知颜色。颜色识别能够帮助确定车牌的颜色特征，为后续处理提供参考。

7.2.3 车牌区域裁剪

图像遮罩和图像剪裁：创建一个与灰度图大小相同的空白图像，通过颜色识别结果将车牌区域绘制为白色。通过位运算将原图像与遮罩合并，保留车牌区域。根据车牌区域的坐标信息，对图像进行剪裁，只保留车牌的部分。之后，再将其作为OCR文本识别的输入图像，完成车牌识别。

7.2.4 车牌文本识别

利用Matlab库中的OCR技术进行文字识别，即对剪裁后的车牌图像进行OCR文字提取，得到车牌中的文本信息。依次通过上面的这些步骤，便可以获取车牌号码，最终完成车牌的检测和识别。

7.3 程序实现

7.3.1 数据预处理

用户：请你编写基于Matlab的完整代码，对车牌图像进行预处理，包括：①读取和调整图像大小；②灰度图转换；③双边滤波。

原始图像如图7-3所示。

图7-3 原始图像

ChatGPT：以下是对车牌图像进行预处理的完整Matlab代码，演示如何对车牌图像进行预处理。

```
function preprocess_license_plate(image_path, save_results)
    % 读取图像并调整大小
    img = imread(image_path);
    img = imresize(img, [768, 1024]);  % 调整到固定尺寸

    % 灰度图转换
    gray = rgb2gray(img);

    % 双边滤波（平滑图像并保留边缘）
    bilateral_filtered = imbilatfilt(gray, 'DegreeOfSmoothing', 13, 'SpatialSigma', 15);

    % 显示原始图、灰度图和双边滤波图
    figure;
    subplot(1, 3, 1); imshow(gray); title('灰度图');
    subplot(1, 3, 2); imshow(bilateral_filtered); title('双边滤波图');
end

```

这段代码首先读取车牌图像，然后调整图像大小，之后进行灰度图转换和双边滤波。灰度图和双边滤波图像如图7-4所示。

图7-4 灰度图和双边滤波图像

7.3.2 车牌区域提取

用户：请你编写基于Matlab的车牌区域提取的代码，包括边缘检测和轮廓提取、图像平滑、颜色识别等步骤，最后输出结果。

ChatGPT：以下是Matlab的车牌区域提取代码示例：

```
function extract_license_plate(gray_image)
    % 输入：灰度图像 gray_image（建议先进行双边滤波预处理）

    % (1) 边缘检测（Canny算法）
    edged = edge(gray_image, 'Canny', [0.3, 0.8]);  % 调整阈值增强边缘

    % (2) 轮廓提取（查找最大连通区域）
    stats = regionprops(edged, 'BoundingBox', 'Area');
    [~, idx] = max([stats.Area]);  % 选择面积最大的区域
    screenCnt = stats(idx).BoundingBox;

    % (3) 绘制结果
    figure;

    % 子图1：边缘检测图
    subplot(1, 3, 1);
    imshow(edged);
    title('边缘检测图 (Canny)');

    % 子图2：轮廓提取图（叠加在原图上）
    subplot(1, 3, 2);
    imshow(gray_image);
    hold on;
    rectangle('Position', screenCnt, 'EdgeColor', 'r', 'LineWidth', 2);
    title('轮廓提取 + 车牌位置');

    % 子图3：车牌区域裁剪
    subplot(1, 3, 3);
    plate_region = imcrop(gray_image, screenCnt);
    imshow(plate_region);
    title('裁剪后的车牌区域');
end
```

这段代码对图像进行边缘检测、轮廓提取、图像平滑、颜色识别，最终结果如图7-5所示。

图7-5　车牌区域提取结果图

7.3.3　图像遮罩和图像剪裁

用户：请你编写基于Matlab的车牌图像遮罩和图像剪裁代码，最后输出结果。

ChatGPT：下面是基于Matlab的车牌图像遮罩和图像剪裁代码：

```
% === 创建遮罩 ===
mask = false(size(gray));
mask(screenCnt(2):(screenCnt(2)+screenCnt(4)), ...
    screenCnt(1):(screenCnt(1)+screenCnt(3))) = true;

% 生成遮罩图像（仅保留车牌区域，其余为黑）
mask_image = bsxfun(@times, img, cast(mask, 'like', img));

% 显示遮罩图像
figure; imshow(mask_image); title('图像遮罩');

% === 图像剪裁 ===
cropped = gray(screenCnt(2):(screenCnt(2)+screenCnt(4)), ...
               screenCnt(1):(screenCnt(1)+screenCnt(3)));

% 显示剪裁后的图像
figure; imshow(cropped); title('图像剪裁');
```

这段代码对图像进行图像遮罩和图像剪裁，最终结果如图7-6所示。

图7-6　图像遮罩和图像剪裁结果

7.3.4 OCR文本识别

用户：请你编写基于Matlab的车牌区域OCR文本识别代码，最后输出结果。

ChatGPT：以下是Matlab的OCR文本识别代码示例：

```
ocrResults = ocr(cropped);
disp(ocrResults.Text);
```

这段代码对图像进行OCR文本识别，最终结果如图7-7所示。

图7-7　车牌区域OCR文本识别结果

7.4 完整代码

完整代码由ChatGPT将上述所有步骤的代码整合而成，适用于Matlab2022a版本。以下是完整的代码：

```
function preprocess_license_plate(image_path)
    % 读取图像并调整大小
    img = imread(image_path);
    img = imresize(img, [768, 1024]);
    % 灰度图转换
    gray = rgb2gray(img);
    % 双边滤波
    blf = imbilatfilt(gray, 'DegreeOfSmoothing', 13, 'SpatialSigma', 15);
    % 边缘检测
    edged = edge(blf, 'Canny', [0.3, 0.8]); % 调整阈值范围 [0.3, 0.8] 或其他适当的值
    % 寻找轮廓
    stats = regionprops(edged, 'BoundingBox');
    [~, idx] = max(arrayfun(@(x) prod(x.BoundingBox(3:4)), stats));
```

```
        screenCnt = round(stats(idx).BoundingBox);
        % 创建遮罩
        mask = false(size(gray));
        mask(screenCnt(2):(screenCnt(2)+screenCnt(4)),
screenCnt(1):(screenCnt(1)+screenCnt(3))) = true;
        mask_image = bsxfun(@times, img, cast(mask, 'like', img));
        % 图像剪裁
        cropped = gray(screenCnt(2):(screenCnt(2)+screenCnt(4)),
screenCnt(1):(screenCnt(1)+screenCnt(3)));
        % OCR识别
        ocrResults = ocr(cropped);
        disp(ocrResults.Text);
        % 可视化结果
        figure;
        subplot(2, 2, 1), imshow(img), title('原始图像');
        subplot(2, 2, 2), imshow(edged), title('边缘检测图');
        subplot(2, 2, 3), imshow(mask_image), title('图像遮罩');
        subplot(2, 2, 4), imshow(cropped), title('图像剪裁');
    end
    % 使用示例
    preprocess_license_plate(' ')
```

这个代码对一张包含车牌的图像进行处理和识别。通过使用Matlab库进行图像处理，包括灰度化、双边滤波、边缘检测、轮廓检测等操作，找到图像中的车牌区域。然后，利用Matlab库进行OCR识别，提取车牌上的文字信息。最终，通过图形化展示和输出文字信息的方式，实现了对车牌的识别和展示。

7.5 小结

该项目实现了一个全面的车牌字符提取系统，通过一系列图像处理技术，使其适用于不同环境、不同角度和噪声情况下的车牌图像。这个项目的目标是自动从车牌图像中提取字符，可以用于车牌识别系统、交通管理、停车管理、安全监控和智能交通系统等多个领域。ChatGPT在项目中扮演了技术顾问和代码编写的角色。它提供了专业建议，分析了算法设计，能够帮助我们提高字符提取的准确性和效率。这个项目的应用潜力广泛，可以在车牌识别系统中用于车牌字符自动提取，提高交通管理效率。同时，它也可以在停车管理系统中记录车辆的入场和离场时间，用于计费和车辆流量管理。交通管理部门也可以借助这项技术来监测和分析交通流量状况，追踪车辆和检测交通违规行为。这项技术还可以用于车辆身份识别和安全监控。该项目为诸多交通和安全应用提供了一个很好的解决方案，提高了效率与精确性，减少了对人工干预的需求，对现代交通管理和监控系统构建提供了稳固的基础。

第 8 章 基于小波变换和 SVM 的遥感图像船舶识别

8.1 遥感图像船舶识别背景

航空测量技术是利用航空卫星、飞机等设备，对地面物体进行摄影和测量的技术，最早的航空测量起源于20世纪60年代，主要用于地形特征的勘测。随着卫星和遥感技术的不断发展，20世纪70年代，卫星遥感技术被越来越多地应用到航空摄影中，并成为应用最广泛的一种航空测量技术。目前，卫星遥感技术已经成为军事侦察、海洋监控、气象观测等领域必不可少的工具。进入21世纪，计算机技术、传感器技术和卫星技术获得了突飞猛进的发展，使得海上的卫星遥感技术越来越成熟。

本章主要介绍基于遥感图像的船舶目标识别技术，重点研究船舶遥感图像的基本特征、识别算法和图像增强技术，以提升船舶目标的识别效果。在此项目中，ChatGPT扮演了多重角色。首先，我们可以将ChatGPT用于数据预处理阶段，协助整理和清理遥感图像数据。其次，ChatGPT可以提供关于船舶目标识别领域的文献综述，为项目提供背景知识和最新研究动态。此外，ChatGPT还可以协助我们编写代码，支持项目的技术实现。在本项目中，我们参考了以下论文来支持船舶目标识别技术的研究：唐绍富,段兰兰.基于遥感图像的船舶目标识别技术[J].舰船科学技术,2020,42(14):85-87。

8.2 遥感图像船舶识别原理

8.2.1 海域遥感图像的基本特征分析

海域或航道内的卫星遥感图像包含着大量的信息，近年来，随着遥感卫星的分辨率越来越高，图像中包含的信息也越来越多。因此，针对海域内遥感图像的分析成为遥感技术的关键。

在进行海域遥感图像的识别与处理时，需要充分了解卫星遥感图像的特点。海上卫星遥感图像的特点主要包括图像空间特性、时间特性和光谱特性。

（1）空间特性

空间特性是指海上卫星遥感图像的像素在空间上具有丰富的表达方式，比如遥感图像可以展示空间内的物体几何轮廓、坐标、面积等空间信息。为了使遥感图像将空间特性表现得更充分，遥感图像的像素在两方面进行优化：其一是在空间坐标系的像素值，它由图像的数字化而来；其二是遥感图像的空间分辨率，在一个固定尺寸下包含的像素越多，说明图像的分辨率越高。为了合理利用遥感图像的空间特性，在进行遥感图像分析时，必须充分结合空间坐标系和定位系统，使遥感图像与经纬度坐标产生关联，同时对像素和空间方位进行分析与建模。

（2）光谱特性

光谱特性是指遥感图像的可见光辐射强度，通常用像素的灰度值、RGB值来表征。在分析船舶遥感图像时，需要充分结合遥感图像的光谱特性，采用量化方式对遥感图像的光谱进行编码，并将编码信息存储到计算机当中。遥感图像的光谱特性与物体对阳光辐射的反射率密切相关，这也是遥感图像具有复杂色彩和灰度值的原因。

（3）时间特性

时间特性与空间特性相对应，共同组成船舶遥感图像的基本坐标。随着时间的变化，地面目标会不断发生变化，比如潮涨潮落、海水温度变化等，同一区域内的遥感图像，不同时间节点下会存在较大的差异。在同一天内，由于阳光辐射的角度和强度不同，遥感图像也具有明显的差异。因此，在分析船舶遥感图像时，还需要充分考虑遥感图像的时间特性，才能获取准确的信息。

8.2.2 基于小波变换的图像过滤与增强理论研究

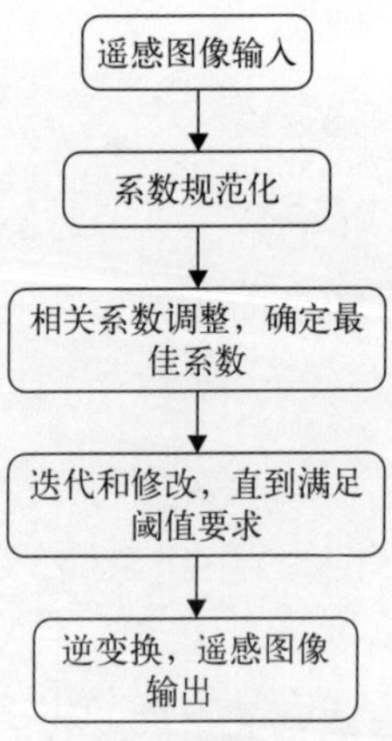

图8-1 基于小波变换的图像过滤基本流程

通常，受海上雾气、云、水蒸气等气象因素的影响，海上遥感图像中往往存在着许多噪声。同时由于船舶目标的颜色与海水表面相似度较高，因此，在进行基于遥感图像的船舶目标识别过程中，需要对遥感图像的船舶目标进行过滤和增强。过滤的主要目的是去除遥感图像中的干扰噪声，增强的目的是使遥感图像舰船目标特征与背景区别度更高。本节采用小波变换理论，对遥感图像进行信号过滤和图像增强，基于小波变换的图像过滤基本流程如图8-1所示。

8.2.3 船舶遥感图像的目标识别算法

图像的目标识别是一个系统性工程，其基本原理可用图8-2表示。

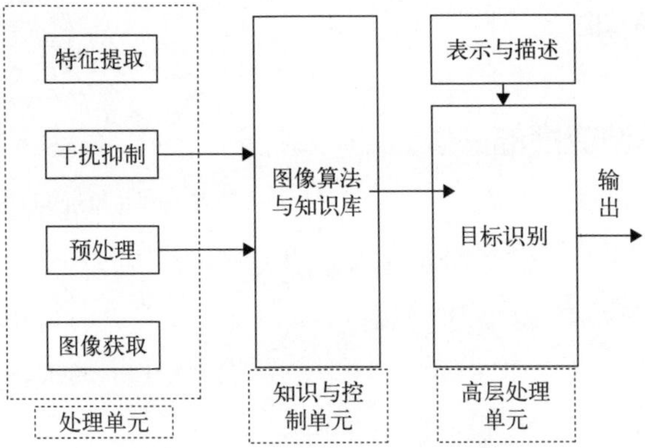

图8-2 图像的目标识别原理图

通常，图像的处理过程可以分为初级处理、中级处理和高级处理三个阶段。初级处理阶段主要针对图像本身，比如对图像的补偿、对图像干扰的抑制等，是一种像素级别的处理。高级处理阶段是指符号推理，对图像所描绘的场景给予宏观上的解释。中级处理阶段是从低级处理阶段到高级处理阶段的过渡，是从低级处理阶段获取图像的各种特征信息，到完成目标识别的过程。根据图像的目标识别原理图，船舶遥感图像的目标识别过程主要包括以下3个步骤。

① 遥感图像的获取　遥感图像的获取包含两层含义：第一层是从遥感卫星中获取当前海域内的遥感图像；第二层是从遥感图像中提取含有船舶目标的区域，缩小目标识别图像的范围。图像获取环节可以提高图像处理的效率，使目标识别过程不需要在整幅图像上花费大量的时间。

② 船舶目标特征提取　目标特征的提取是基于遥感图像的船舶目标识别过程的关键环节，利用船舶图像的目标特征，可以在当前获取的遥感图像中正确地把目标与背景区分开。目标特征提取算法对目标识别的精度有非常重要的影响，在船舶目标特征提取时，可以充分结合船舶目标的空间特性、时间特性和光谱特性，将船舶和背景区分开。

③ 目标分类　在进行目标特征提取后，还需要对目标特征进行分类、特征融合等进一步处理，常见的分类方法包括支持向量机（SVM）法、随机CRF分类方法等。目标分类的作用是将遥感图像中具有相似特征的目标统一进行处理，

适用于大批量的遥感图像目标识别。

8.3 程序实现

8.3.1 基于小波变换的图像过滤与增强

用户：请你编写基于小波变换的图像过滤与增强的Matlab算法。

ChatGPT：基于小波变换的图像过滤和增强是一种常用的图像处理技术，它可以帮助去除噪声、增强图像的细节。以下是一个简单的Matlab算法示例，演示如何使用小波变换对图像进行滤波和增强。在这个示例中，我们将使用小波变换库中的Matlab函数来实现。

首先，确保你已安装Matlab，并具备小波变换工具箱。然后，可以按照以下步骤编写和执行Matlab代码：

```
% 图像读取
originalImage = imread('your_image.jpg'); % 替换成你的图像文件路径

% 小波变换参数设置
level = 5; % 设置小波分解的层数
waveletType = 'db1'; % 小波基函数选择，可根据需要选择其他基函数

% 小波变换
wavedecImage = wavedec2(originalImage, level, waveletType);

% 设置阈值
threshold = 0.1; % 设置阈值，可根据实际情况调整

% 图像系数处理
wavedecImage(abs(wavedecImage) < threshold) = 0;

% 小波逆变换
enhancedImage = waverec2(wavedecImage, waveletType);

```

① 通过 imread 函数读取指定路径的图像文件（your_image.jpg），并将其存储在变量 originalImage 中。

② 使用 Matlab 的 wavedec2 函数对图像进行小波变换，将其分解为五层，

得到多个频率分量，包括近似系数和不同方向的细节系数。然后，设定阈值（threshold = 0.1）对小波系数进行处理，将低于该阈值的部分视为噪声并去除。

③ 通过 waverec2 函数对去噪后的小波系数进行重构，恢复出处理后的图像，达到去噪或增强效果。

这个示例演示了如何读取图像，如何使用小波变换分解图像，如何应用阈值处理来去除噪声，然后重构和增强图像。你可以根据自己的需求调整阈值和小波基函数等参数以获得更好的效果。这只是一个简单的示例，小波变换的图像处理有很多变种和技巧，可以根据具体情况进行进一步的优化。

8.3.2 船舶遥感图像特征提取

用户：请你编写基于Matlab的船舶遥感图像的HOG（方向梯度直方图）特征提取算法。

ChatGPT：当使用Matlab进行HOG特征提取时，可以使用extractHOGFeatures函数。以下是一个简单的Matlab代码示例，演示如何对船舶遥感图像进行HOG特征提取：

```
% 读取船舶遥感图像
shipImage = imread('ship_image.jpg'); % 替换成你的船舶遥感图像文件路径

% 将图像转换为灰度图像
grayImage = rgb2gray(shipImage);

% 计算 HOG 特征
cellSize = [8 8]; % 定义每个细胞的大小
blockSize = [2 2]; % 定义每个块的大小
numBins = 9; % 定义每个细胞的梯度方向的 bin 数量

hogFeatures = extractHOGFeatures(grayImage, 'CellSize', cellSize, 'BlockSize', blockSize, 'NumBins', numBins);

```

① 这段代码读取了一张图像 ship_image.jpg 并将其转换为灰度图像。代码的第一步是使用 imread 函数加载图像文件，并存储在变量 shipImage 中。

② 使用 rgb2gray 函数将彩色图像转换为灰度图像，结果存储在 grayImage 变量中。

③ 代码计算图像的 HOG 特征（Histogram of Oriented Gradients，方向梯度直方图）。

● 定义了 HOG 特征的参数，cellSize = [8 8]：设置每个细胞的大小为8×8像素。

● blockSize = [2 2]：设置每个块的大小为 2×2 个细胞。

● numBins = 9：定义每个细胞的方向数为 9，表示将每个细胞的梯度方向划分为 9 个方向。

④ 最后，使用 extractHOGFeatures 函数计算图像的 HOG 特征，并将结果存储在 hogFeatures 变量中。此函数会提取图像的梯度信息，并根据设定的参数生成对应的特征。

8.3.3 基于已提取的HOG特征进行SVM的分类

用户：写出“基于已提取的HOG（方向梯度直方图）特征进行SVM分类”的完整代码，使用Matlab。

ChatGPT：下面是使用Matlab编写的完整代码，用于基于预先提取的HOG（方向梯度直方图）特征和SVM的图像分类。这个示例假设您已经提取了HOG特征并保存到文件中。

```
% 读取训练集和测试集的船舶和非船舶图像
shipTrain = imread('ship_train_image.jpg'); % 替换成你的船舶训练图像文件路径
nonShipTrain = imread('non_ship_train_image.jpg'); % 替换成你的非船舶训练图像文件路径

shipTest = imread('ship_test_image.jpg'); % 替换成你的船舶测试图像文件路径
nonShipTest = imread('non_ship_test_image.jpg'); % 替换成你的非船舶测试图像文件路径

% 提取训练集和测试集的 HOG 特征
shipTrainHOG = extractHOGFeatures(rgb2gray(shipTrain));
nonShipTrainHOG = extractHOGFeatures(rgb2gray(nonShipTrain));

shipTestHOG = extractHOGFeatures(rgb2gray(shipTest));
nonShipTestHOG = extractHOGFeatures(rgb2gray(nonShipTest));

% 标记
labelsTrain = [ones(size(shipTrainHOG, 1), 1); zeros(size(nonShipTrainHOG, 1), 1)];
labelsTest = [ones(size(shipTestHOG, 1), 1); zeros(size(nonShipTestHOG, 1), 1)];

% 合并训练集和测试集的特征
featuresTrain = [shipTrainHOG; nonShipTrainHOG];
featuresTest = [shipTestHOG; nonShipTestHOG];

% 使用支持向量机（SVM）进行分类
svmModel = fitcsvm(featuresTrain, labelsTrain);

```

① 这段代码的主要功能是进行船舶与非船舶图像的分类，步骤包括读取训练集和测试集的图像、提取 HOG 特征、设置标签、合并特征并使用支持向量机

（SVM）进行分类。

② 代码读取了训练集和测试集的图像。shipTrain 和 nonShipTrain 分别读取了训练集中的船舶图像和非船舶图像，shipTest 和 nonShipTest 读取了测试集中的船舶图像和非船舶图像。

③ 代码通过 extractHOGFeatures 函数提取每张图像的 HOG 特征。每张图像在转换为灰度图像后，提取出相应的 HOG 特征。shipTrainHOG 和 nonShipTrainHOG 分别提取了训练集中的船舶和非船舶图像的 HOG 特征，shipTestHOG 和 nonShipTestHOG 分别提取了测试集中的船舶和非船舶图像的 HOG 特征。

④ 代码为训练集中的船舶图像和非船舶图像设置标签。船舶图像的标签为 1，非船舶图像的标签为 0，这些标签分别存储在 labelsTrain 和 labelsTest 中。

⑤ 代码还将训练集中的船舶和非船舶图像的 HOG 特征合并，存储在 featuresTrain 中，将测试集中的船舶和非船舶图像的 HOG 特征合并，存储在 featuresTest 中。

⑥ 代码使用 fitcsvm 函数训练支持向量机模型，通过合并后的训练特征和标签进行训练，得到的模型存储在 svmModel 中，用于后续的图像分类。

8.3.4 分析船舶区域并显示结果

用户：写出“分析船舶区域，绘制白色边界框”这一步骤的完整代码。

ChatGPT：在这个步骤中，我们将分析船舶区域，提取船舶的特征，绘制边界框。下面是完整的Matlab示例代码，描述了这个过程：

```
% 读取船舶遥感图像
shipImage = imread('ship_image.jpg'); % 替换成你的船舶遥感图像文件路径

% 将图像转换为灰度图像
grayImage = rgb2gray(shipImage);

% 使用阈值处理提取船舶区域
binaryImage = grayImage > 100; % 通过调整阈值来选择合适的二值化阈值

% 进行连通区域分析，获取船舶区域的属性
stats = regionprops(binaryImage, 'BoundingBox');

% 在原图上绘制自适应边界框
figure;
imshow(shipImage);
```

```
hold on;

for i = 1:length(stats)
    rectangle('Position', stats(i).BoundingBox, 'EdgeColor', 'white');
end

hold off;

```

这段代码的功能是读取一张船舶图像并进行船舶区域的检测，最终在图像上绘制边界框来标识船舶区域。

① 代码使用 imread 函数读取图像文件 ship_image.jpg，并将其存储在 shipImage 变量中。接着，使用 rgb2gray 函数将彩色图像转换为灰度图像，结果存储在 grayImage 变量中。

② 代码使用阈值处理方法将灰度图像转化为二值图像，二值化的阈值设定为 100。所有灰度值大于 100 的像素点将变为白色，其他部分为黑色，生成的二值图像存储在 binaryImage 变量中。

③ 代码通过 regionprops 函数对二值图像进行区域分析，获取船舶区域的边界框信息（BoundingBox）。这个函数会返回每个检测到的区域的矩形边界框。

④ 代码使用 imshow 函数显示原始图像，并通过 rectangle 函数在每个船舶区域的边界上绘制矩形框，边框颜色为白色。通过 for 循环，程序为每个检测到的船舶区域绘制对应的矩形边界框。

最终，图像上显示了所有检测到的船舶区域的边界框。

8.4 结果展示

这段代码实现了一个简单的船舶检测系统，可以检测图像中的船舶。完整代码由 ChatGPT 将上述所有步骤的代码整合而成，适用于 Matlab2022a 版本。

以下是完整的代码：

```
% 1. 船舶遥感图像的特征提取
shipImage = imread('ship_image.jpg'); % 替换成你的船舶遥感图像文件路径
% 将图像转换为灰度图像
grayImage = rgb2gray(shipImage);
```

```
    % 计算 HOG 特征
    cellSize = [8 8];
    blockSize = [2 2];
    numBins = 9;
    hogFeatures = extractHOGFeatures(grayImage, 'CellSize', cellSize, 
'BlockSize', blockSize, 'NumBins', numBins);
    % SVM 分类
    load('svm_model.mat'); % 加载之前训练好的 SVM 模型
    % 预测图像的标签
    predictedLabel = predict(svmModel, hogFeatures);
    disp(['图像的预测标签: ', num2str(predictedLabel)]);
    % 2. 船舶区域分析和绘制白色边界框
    binaryImage = grayImage > 100; % 通过调整阈值来选择合适的二值化阈值
    % 连通区域分析，获取船舶区域的属性
    stats = regionprops(binaryImage, 'BoundingBox');
    % 在原图上绘制白色边界框
    figure;
    imshow(shipImage);
    hold on;
    for i = 1:length(stats)
       rectangle('Position', stats(i).BoundingBox, 'EdgeColor', 
'white', 'LineWidth', 2);
    end
    hold off;
```

船舶检测结果如图8-3所示。

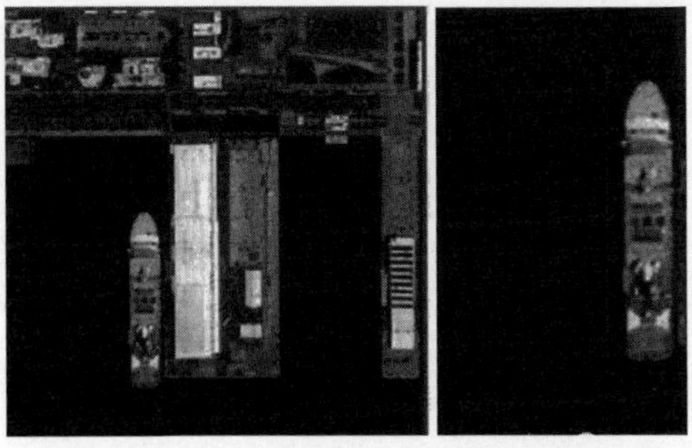

图8-3　船舶检测结果展示图

8.5 小结

本节我们探讨了基于遥感图像的船舶识别项目的各个关键步骤，涵盖了图像处理、特征提取、目标检测以及分析船舶区域的过程。我们首先介绍了遥感图像船舶识别项目的背景和重要性。该项目结合了计算机视觉和遥感技术，旨在解决航海安全、港口管理、海洋资源保护等关键问题。接着，讨论了遥感图像的特点，包括空间特性、光谱特性和时间特性。了解这些特性有助于更好地处理和分析遥感图像。然后展示了如何使用小波变换来处理图像以去除噪声，并讨论了特征提取的重要性。我们还介绍了如何使用HOG（方向梯度直方图）等技术来提取图像的纹理特征。我们提供了基于SVM的目标检测示例代码，用于识别已提取特征的目标，展示了如何分析船舶区域，绘制边界框，计算船舶的面积，并根据特定条件筛选符合条件的船舶，这一步骤有助于确定和可视化船舶位置和特征。

整个项目的目标是自动从遥感图像中提取有关海上船舶的重要信息，为海上监控和管理提供强大的工具，从而提高海上安全、资源管理和环境保护的效率。这是一个复杂的任务，通常需要深度学习、大量的训练数据和专业的图像处理技术来实现。

第 9 章
基于光流场的交通汽车检测跟踪

9.1 汽车跟踪背景

运动视觉研究旨在从不同时间点的图像序列中提取有关场景中物体的形状、位置和运动信息，特别是在动态变化的背景中。这一领域通常可以使用两种方法：一种是基于物体特征的方法，另一种是基于光流场的方法。

基于特征的方法通过识别和跟踪离散的特征点来推断物体的运动。这些方法通过分析特征点在不同帧之间的变化来估计物体的运动状态。另一方面，基于光流场的方法更注重连续图像序列中的像素级别运动。当物体在图像中移动时，其亮度模式也会随之变化，光流是用来描述这种亮度模式运动速度的概念。光流场在图像中表示了这种运动速度信息，其实际上是可见点在图像平面上的速度投影，能够提供有关物体运动和场景结构的信息。基于光流场的交通汽车检测跟踪可提供实时的车辆位置信息，用于交通管理、智能驾驶等领域，提高道路安全性、交通效率，促进城市可持续发展。如图9-1所示。

图9-1 交通汽车检测跟踪

使用ChatGPT实现基于光流场的交通汽车检测跟踪，涉及计算机视觉和深度学习的知识。ChatGPT本身并不直接支持编程和实现特定的功能，但可以提供一个基本的实现思路与步骤。

① 理解问题：

了解光流场：光流是描述图像中像素随时间变化的位移的技术。在交通汽车检测跟踪中，我们可以使用光流来推断车辆在图像中的运动。

理解检测和跟踪：检测是指识别图像中的车辆，跟踪是指在连续帧中追踪这些车辆的运动。

② 数据获取：收集包含交通汽车的视频数据。这些数据可以是现有的数据集，也可以是自己录制的视频。

③ 预处理：对视频进行预处理，包括帧提取、图像去噪、尺寸调整等。

④ 车辆检测：使用计算机视觉技术来检测图像中的车辆。

⑤ 光流计算：对视频序列中的相邻帧计算光流。

⑥ 车辆跟踪：结合车辆检测和光流计算结果实现车辆的跟踪，可以利用车辆检测结果初始化跟踪器。

本章项目涉及多个领域的知识，包括计算机视觉、深度学习、图像处理等，因此需要有一定的编程和数学基础。在这个案例中，我们使用Computer Vision System Toolbox中的光流场算法来分析交通视频中汽车的运动。通过这个算法，我们能够检测和估计汽车在视频中的运动状态，从而更好地理解整个交通场景。

9.2 汽车跟踪原理

9.2.1 光流法检测运动原理

光流法（optical flow）是一种计算图像中物体像素运动的技术，其原理基于以下假设和观察：

（1）亮度恒定假设（brightness constancy assumption）

这个假设建立在这样一个观察基础之上：在短时间内，同一个物体上的像素的亮度不会有明显的变化。在连续的图像序列中，假设一个像素所对应的现实世界点在一个瞬间内不会改变其亮度值。这种假设是光流法的基础，因为它允许我们在不同时间点的图像中比较像素的亮度，从而推断出像素之间的运动。

举例来说，想象一辆汽车在一个短时间内从一个位置移动到另一个位置。根据亮度恒定假设，同一辆车的同一部分在两个时间点之间的亮度应该保持相似。如果像素的亮度发生了明显变化，那可能是其他因素（例如光照变化、阴影等）引起的，而不是物体本身的运动。

（2）小运动假设（small motion assumption）

小运动假设认为在一个短时间内，物体的运动是微小的，可以近似为恒定的。这个假设允许我们将运动看作是局部变化，而不是全局变化。换句话说，我们假设物体在一个很短的时间内只会发生微小的位移，这种位移可以被近似为一个固定的运动速度。

这个假设的作用在于简化光流的计算。如果物体的运动是微小的，那么在相邻的图像帧之间，像素之间的亮度差异可以近似为由物体的运动引起的。如果运动过大，就可能需要考虑其他复杂的因素，如视角变化、遮挡等。

基于这些假设，光流法的主要原理如下：

（1）亮度差计算

在连续的图像序列中，同一个物体在不同时间点的像素亮度可能会发生变化。要计算光流，首先需要计算两个相邻帧之间的像素亮度差异。这通常通过计算图像中每个像素的亮度梯度来实现。对于图像中的每个像素点 (x, y)，亮度梯度可以通过以下方式计算：

$$I_x = \frac{\partial I}{\partial x}, I_y = \frac{\partial I}{\partial y} \tag{9-1}$$

其中，I 是图像的灰度值；I_x 和 I_y 分别表示在 x 和 y 方向上的亮度梯度。

（2）构建光流方程

光流方程基于亮度恒定假设和小运动假设，它表示了图像中每个像素点的运动速度。光流方程可以表示为以下形式：

$$I_x V_x + I_y V_y = -I_t \tag{9-2}$$

其中，V_x 和 V_y 是像素点 (x, y) 在 x 和 y 方向上的运动速度；I_t 是两个连续图像帧之间的时间差异。

（3）解光流方程

解光流方程的目标是找到每个像素点的运动速度分量 V_x 和 V_y。然而，这是一个方程组，通常是一个超定系统，因为在图像中的像素数量远远大于未知的速度分量数。解决这个问题需要采用数值方法，如Lucas-Kanade方法或Horn-Schunck方法。这些方法会尝试最小化亮度差的平方和，以找到最优的速度估计。

（4）可视化和应用

一旦获得像素级别的运动速度，就可以将其可视化，例如创建光流向量场图，其中每个箭头表示一个像素点的运动方向和速度。此外，光流信息可以应用于各种计算机视觉任务，例如：

① 对象跟踪：通过光流估计物体的运动，可以用于跟踪对象在连续帧之间的位置变化。

② 动作识别：根据像素的运动模式，可以识别出场景中的不同动作或运动模式。

③ 稠密深度估计：利用光流信息，可以估计场景中物体的深度信息，尤其在双目或多目相机系统中。

光流法通过计算图像中像素亮度的变化来推断运动信息，其应用涵盖了物体跟踪、动作分析、深度估计等多个领域。然而，需要注意光流法在处理大运动、纹理缺失等情况下可能会受到限制。基于光流场的运动检测步骤如图9-2所示。

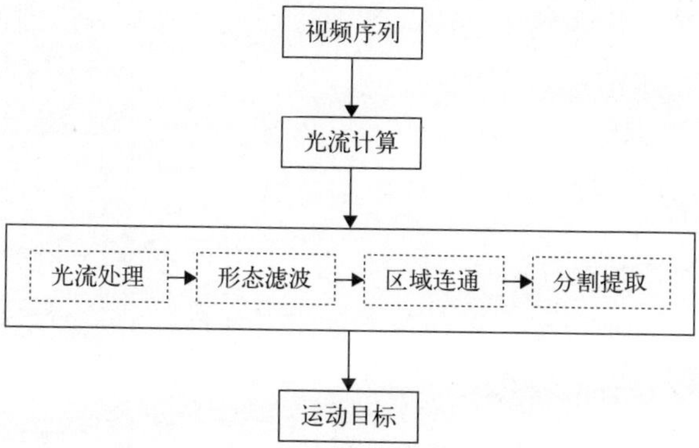

图9-2 基于光流场的运动检测的步骤

9.2.2 Horn-Schunck光流算法

Horn-Schunck光流算法是一种经典的稠密光流计算方法，旨在从图像序列中估计每个像素点的运动速度。该算法是由Robert Lucas和Takeo Kanade在1981年提出的，后来由Berthold K.P. Horn和Brian G. Schunck在1981年对其进行了扩展和改进。Horn-Schunck算法基于一组假设，包括亮度恒定假设和平滑性假设，以解决光流估计问题。

（1）构建约束方程

为了考虑平滑性假设，我们可以假设相邻像素的运动速度相似，从而构建一组约束方程。这些约束方程旨在将相邻像素的运动速度联系起来，以便在光流估计过程中融合局部信息。

对于一个像素点(x, y)，假设其运动速度分量分别为V_x和V_y。我们可以根据平滑性假设，考虑相邻像素的运动速度，并构建一组约束方程。约束方程的目标是通过优化速度分量，使其满足平滑性假设并与图像梯度和时间差相匹配。

（2）求解光流方程

将光流方程和约束方程组合起来，可以得到一个最小化问题，目标是找到使得约束条件满足的运动速度。这可以通过最小化以下目标函数来实现：

$$E=\iint (I_xV_x+I_yV_y+I_t)^2+\alpha\left[(\frac{\partial V_x}{\partial x})^2+(\frac{\partial V_x}{\partial y})^2+(\frac{\partial V_y}{\partial x})^2+(\frac{\partial V_y}{\partial y})^2\right]\mathrm{d}x\mathrm{d}y \tag{9-3}$$

其中，第一项表示亮度差的平方和；第二项表示速度的平滑性。α是平滑项的权重，它的取值要考虑图中的噪声情况，如果噪声较强，则说明图像数据本身的置信度较低，需要更多地依赖光流约束，所以可以取较大的值；反之，可以取较小的值。

（3）迭代求解

通常，Horn-Schunck算法使用迭代方法来逐步优化运动速度。在每次迭代中，根据当前估计的速度场，更新像素的运动速度，并反复进行迭代，直到收敛到一个稳定的速度场。

本章采用松弛迭代方法，迭代方程为：

$$\begin{aligned}V_x^{k+1}&=\bar{V}_x^k-\frac{I_x(I_x\bar{V}_x^k+I_y\bar{V}_y^k+I_t)}{\alpha^2+I_x^2+I_y^2}\\V_y^{k+1}&=\bar{V}_y^k-\frac{I_y(I_x\bar{V}_x^k+I_y\bar{V}_y^k+I_t)}{\alpha^2+I_x^2+I_y^2}\end{aligned} \tag{9-4}$$

Horn-Schunck算法适用于处理小运动和较平滑的场景，它对于大的位移和纹理缺失情况下的效果可能有限。在实际应用中，可以通过参数调整和预处理步骤来改善算法的性能。虽然Horn-Schunck算法在现代计算机视觉中已经有更高级的替代方法，但它仍然是了解光流估计原理的一个重要基础。

9.3 程序实现

使用光流场方法检测汽车的算法主要通过五个步骤实现，流程参考图9-3。程序开始时利用vision.OpticalFlow计算交通摄像头拍摄的视频中的光流场。通过对光流场的幅值进行阈值分割，可以得到一个二值图像。在这个图像中，幅值较大的区域表示有车辆流动。针对二值分割图像，采取了形态学滤波、腐蚀和闭合等操作，以对图像中的目标进行进一步处理和增强。随后，利用vision.BlobAnalysis对处理后的图像进行分析，以定位和测量汽车物体的位置和面积等特征。最终，通过比较物体的面积与预设阈值，来判断检测到的物体是否为汽车。如果物体的面积比例较小，很可能是噪声或其他杂物，而较大的面积比例则可能代表汽车。

用户：请你编写基于光流场的交通汽车检测跟踪的Matlab算法。

ChatGPT：下面是一个基于光流场的交通车辆检测和跟踪的简化Matlab算法框架。请注意，这只是一个基本的示例，实际应用中可能需要更复杂的技术和优化。

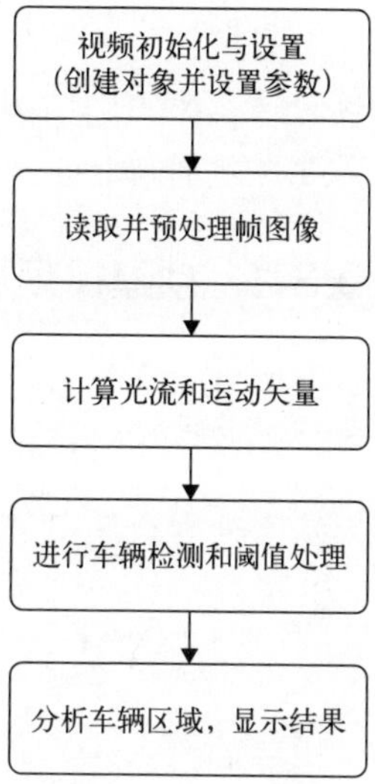

图9-3 算法流程图

☑ 基于光流的汽车检测与跟踪：简要说明（共五步）

步骤 1：视频初始化和参数设置

加载交通视频文件，获取图像尺寸（宽度和高度），并初始化光流算法（如Lucas-Kanade）和可视化窗口。

步骤 2：读取并预处理帧图像

逐帧读取视频图像，并将其转换为灰度图像，为后续光流计算做准备。

步骤 3：计算光流和运动矢量

使用光流算法估计每个像素在当前帧与前一帧之间的运动强度和方向，得到运动矢量图（表示图像中的动态区域）。

步骤 4：进行车辆检测和阈值处理

对光流图像进行高斯滤波平滑、阈值分割与去噪处理，识别出明显运动的区域，这些区域通常对应于运动中的车辆。

步骤 5：分析车辆区域、绘制边界框并显示结果

分析运动区域，提取其边界框并将其绘制在原始图像上，最后在视频窗口中动态显示检测和跟踪结果。

我们可以看到，ChatGPT提供了一个简单的示例。实际上，车辆检测和跟踪是一个复杂的问题，需要更多的技术和资源来实现准确的结果。因此，我们需要在此基础上进一步与ChatGPT进行交流，完善我们的代码。

9.3.1 创建视频及对象并设置参数

用户：写出“视频初始化和设置”这一步骤的完整代码，并详细描述这一步骤及其功能。

ChatGPT：视频初始化和设置代码如下：

```
% 清空环境
clear all;

% 步骤 1：视频初始化和设置
videofile = 'MyVideo.mp4';                    % 1. 视频路径和文件名
videoObj = VideoReader(videofile);            % 2. 创建视频读取对象
cols = videoObj.Width;                        % 3. 获取视频帧的宽度（列数）
rows = videoObj.Height;                       % 3. 获取视频帧的高度（行数）

```

这一步骤的目的是初始化视频文件并获取与视频相关的基本参数。具体功能如下：首先用videofile 变量存储了视频文件的路径和名称，用于后续的视频读取。然后使用 VideoReader 函数创建 videoObj 这个视频阅读器对象，以打开视频文件并访问视频帧和相关信息。再用cols 和 rows 变量分别存储了视频帧的列数（宽度）和行数（高度）。通过这一步骤，成功地初始化了视频文件并获取了视频的基本参数，为接下来的光流计算和车辆检测等步骤奠定基础。

用户：写出“创建对象并设置参数”这一步骤的完整代码，其中，需要采用Horn-Schunck光流计算方法以及中值滤波器等方法，同时，详细描述这一步骤及其功能。

ChatGPT：下面是你需要的创建对象并设置参数这一步骤的代码：

```
下面是你需要的——**“创建对象并设置参数”** 这一步骤的完整 MATLAB 代码
**包含 Horn-Schunck 光流法、中值滤波器、形态学处理和可视化对象的设置**，每一部分都附带清晰注释。
---
## ☑ 第二步：创建对象并设置参数（完整代码）

```matlab
%% 步骤 2：创建对象并设置参数

```
```

```
% 1. 视频文件读取器（Frame reader）
hReader = vision.VideoFileReader( ...
    'MyVideo.mp4', ...                              % 视频文件路径
    'ImageColorSpace', 'RGB', ...                   % 设置颜色空间为RGB
    'VideoOutputDataType', 'single');               % 输出类型为单精度浮点数

% 2. Horn-Schunck光流对象
hFlow = opticalFlowHS( ...
    'Smoothness', 1, ...                            % 平滑因子
    'MaxIteration', 10);                            % 最大迭代次数

% 3. 图像均值处理对象
hMean1 = vision.Mean;                               % 用于图像的平均值
hMean2 = vision.Mean('RunningMean', true);          % 启用滑动平均

% 4. 中值滤波器（噪声去除）
hFilter = vision.MedianFilter;                      % 中值滤波器对象

% 5. 形态学闭操作（连接前景区域）
se = strel('disk', 5);                              % 创建结构元素
hClose = vision.MorphologicalClose('Neighborhood', getnhood(se));

% 6. 车辆区域分析对象
hBlob = vision.BlobAnalysis( ...
    'BoundingBoxOutputPort', true, ...
    'AreaOutputPort', false, ...
    'CentroidOutputPort', false, ...
    'MinimumBlobArea', 300);                        % 最小车辆区域面积
% 7. 形态学腐蚀操作
hErode = vision.MorphologicalErode('Neighborhood', getnhood(strel('square', 3)));

% 8. 绘图与文本显示对象
hShape1 = vision.ShapeInserter( ...
    'Shape', 'Rectangles', ...
    'BorderColor', 'Custom', ...
    'CustomBorderColor', [0 255 0]);                  % 绘制边界框（绿色）

hShape2 = vision.ShapeInserter( ...
    'Shape', 'Lines', ...
    'BorderColor', 'Custom', ...
    'CustomBorderColor', [255 0 0]);                  % 绘制运动矢量（红色）

hText = vision.TextInserter('%d', ...
    'Location', [10 10], ...
    'Color', [255 255 0], ...
    'FontSize', 14);                                  % 显示车辆数量（黄色）

% 9. 获取屏幕大小，设置视频窗口位置
screenSize = get(0, 'ScreenSize');

% 10. 创建四个视频播放器
hVideo1 = vision.VideoPlayer('Name', '原始视频', ...
    'Position', [20, screenSize(4)-300, 300, 250]);

```

~~~
hVideo2 = vision.VideoPlayer('Name', '光流矢量图', ...
    'Position', [340, screenSize(4)-300, 300, 250]);

hVideo3 = vision.VideoPlayer('Name', '二值图像', ...
    'Position', [660, screenSize(4)-300, 300, 250]);

hVideo4 = vision.VideoPlayer('Name', '检测结果', ...
    'Position', [980, screenSize(4)-300, 300, 250]);

% 11. 创建网格坐标（用于运动矢量绘制）
[cols, rows] = deal(hReader.info.VideoSize(1), hReader.info.VideoSize(2));
[xpos, ypos] = meshgrid(1:10:cols, 1:10:rows);  % 设定绘图间隔
```
~~~

这一步骤的主要功能是创建各种处理视频帧的对象，并设置这些对象的参数。具体步骤如下：代码首先创建了一系列视频处理对象，包括视频读取器、Horn-Schunck光流估计器、中值滤波器、图像平均处理器、形态学操作对象（闭操作和腐蚀）、连通域分析器以及绘图和文字插入器等。接着，设置了四个视频播放窗口用于显示不同处理结果，并根据视频尺寸构建了用于绘制运动矢量的坐标网格。整体流程为后续处理步骤（如目标检测、运动轨迹可视化）奠定了基础。

9.3.2 读取并预处理帧图像

用户：写出“读取并预处理帧图像”这一步骤的完整代码，其中，需要暂停0.3s，以控制视频播放速率，同时，详细描述这一步骤及其功能。

ChatGPT：读取并预处理帧图像的代码如下：

```
% 假设之前已经创建了 hReader 对象

while ~isDone(hReader)
    % 第一步：读取一帧图像
    frame = step(hReader);  % 使用 step 函数读取当前帧

    % 第二步：将读取到的帧图像转换为灰度图像
    gray = rgb2gray(frame);  % 将 RGB 图像转换为灰度图像

    % 你可以在这里执行进一步的处理，例如显示图像、光流计算等
    imshow(gray);  % 显示当前帧的灰度图像

    % 第三步：暂停0.3秒，控制视频播放速率
    pause(0.3);  % 暂停0.3秒
end

```

这一步骤的主要功能是从视频中读取一帧图像并对其进行预处理。首先用于逐帧读取视频并将每帧图像转换为灰度图进行显示。循环以while ~ isDone(hReader) 开始，表示当视频读取器 hReader 尚未读取到视频末尾时，持续执行循环。每次循环中，使用 step(hReader) 获取当前帧图像，并通过 rgb2gray 将其从 RGB 彩色图转换为灰度图，再用 imshow 显示出来。通过 pause(0.3) 实现每帧之间暂停 0.3s，从而控制播放速度。

9.3.3 计算光流和运动矢量

用户：写出“计算光流和运动矢量”这一步骤的完整代码，其中，要在帧上绘制光流向量线，同时，详细描述这一步骤及其功能。

ChatGPT：“计算光流和运动矢量”步骤代码如下：

```
% 假设之前已经创建了 hFlow 光流对象 和 hShape2 形状插入器对象
% 还假设之前已经读取并转换为灰度图像的帧变量 gray

while ~isDone(hReader)
    % 读取一帧图像并转换为灰度图像
    frame = step(hReader);  % 读取当前帧
    gray = rgb2gray(frame);  % 转换为灰度图像

    % 计算光流场
    flow = step(hFlow, gray);  % 使用光流对象计算当前帧的光流场

    % 计算运动矢量
    % 定义起始点坐标 (可根据需求调整)
    step_size = 10;  % 每隔10个像素选择一个起始点
    [xpos, ypos] = meshgrid(1:step_size:size(gray,2), 1:step_size:size(gray,1));
    xpos = xpos(:);  % 将横坐标拉成向量
    ypos = ypos(:);  % 将纵坐标拉成向量

    % 根据光流场计算每个起始点的终止点
    u = flow(:,:,1);  % 获取光流的水平分量
    v = flow(:,:,2);  % 获取光流的垂直分量

    % 终止点坐标
    xend = xpos + u(sub2ind(size(u), ypos, xpos));
    yend = ypos + v(sub2ind(size(v), ypos, xpos));

    % 创建一组运动矢量 (线段)
    lines = [xpos, ypos, xend, yend];  % 每个矢量由起始和终止坐标组成

    % 使用形状插入器绘制运动矢量
    vector = step(hShape2, frame, lines);  % 在帧上绘制运动矢量

    % 可视化当前帧及光流矢量
```

```
        imshow(vector);  % 显示包含运动矢量的帧
        pause(0.3);  % 控制视频播放速率
    end
```

这一步骤的主要功能是计算视频帧的光流场并生成运动矢量。首先使用之前创建的 hFlow 光流对象，通过 step 函数计算当前帧灰度图像 gray 的光流场，并将结果存储在 flow 变量中。光流场表示图像中每个像素的运动信息，flow 包含了每个像素的水平和垂直分量。根据光流场计算运动矢量，这些矢量将用于后续的可视化。在这里，通过 xpos 和 ypos 定义了一组起始点坐标，然后根据光流场中的信息，计算了每个起始点对应的终止点坐标。这些坐标被组织成 lines 数组，表示运动矢量的起始和终止点。利用之前创建的 hShape2 形状插入器对象，将计算得到的运动矢量绘制在当前视频帧 frame 上，并将结果存储在 vector 变量中。这一步可视化了光流的运动信息，使图像中不同区域的运动情况可视化并成功计算光流场和绘制运动矢量，以便进一步分析视频中的运动。

9.3.4 进行车辆检测和阈值处理

用户：写出“进行车辆检测和阈值处理”这一步骤的完整代码，并详细描述这一步骤及其功能。

ChatGPT：“进行车辆检测和阈值处理”步骤参考代码如下：

```
% 假设之前已经计算了光流场 flow，并且有 hMean1 和 hMean2 平均器对象

while ~isDone(hReader)
    % 读取一帧图像并转换为灰度图像
    frame = step(hReader);  % 读取当前帧
    gray = rgb2gray(frame);  % 转换为灰度图像

    % 计算光流场
    flow = step(hFlow, gray);  % 使用光流对象计算当前帧的光流场

    % 计算光流的幅度
    u = flow(:,:,1);  % 水平光流分量
    v = flow(:,:,2);  % 垂直光流分量
    magnitude = sqrt(u.^2 + v.^2);  % 计算光流的幅度

    % 计算光流幅度的平均值
    avg_magnitude = step(hMean1, magnitude);  % 计算当前帧光流幅度的平均值
    threshold_value = 0.5 * avg_magnitude;  % 计算阈值

    % 二值化处理，检测可能的车辆区域
    carobj = magnitude > threshold_value;  % 基于阈值二值化，车辆区域为1，非车辆区域为0

```

```
    % 形态学闭操作和腐蚀操作，增强车辆目标
    carobj = imclose(carobj, strel('disk', 5));  % 闭操作，连接区域
    carobj = imerode(carobj, strel('disk', 3));  % 腐蚀操作，去除噪声

    % 可视化车辆检测结果
    imshow(carobj);  % 显示二值化的车辆检测结果
    pause(0.3);  % 控制视频播放速率
end

```

这一步骤的主要功能是进行车辆检测和阈值处理，以识别运动中的车辆目标。首先从视频中逐帧读取图像并转换为灰度图，然后利用已初始化的光流对象 hFlow 计算当前帧的光流场。接着通过计算光流水平和垂直分量的幅度，得到每个像素的运动强度。使用均值对象 hMean1 求取平均幅度后，设置一个阈值（为平均值的一半）进行二值化处理，将运动显著的区域标记为可能的车辆目标（值为1）。之后，使用形态学闭操作和腐蚀操作去除噪声并连接目标区域，最后用 imshow 显示检测结果，并通过 pause(0.3) 控制播放速度。

9.3.5 分析车辆区域并显示结果

用户：写出“分析车辆区域，绘制边界框，并显示结果”这一步骤的完整代码，其中，提取车辆区域的面积和绘制边界框信息，绘制一条在帧图像第22行的杆，统计过了杆的汽车，使用阈值0.4计算选定车辆的宽高比，筛选符合条件的车辆、计算车辆数量，并将数量信息添加到结果帧中。同样地，详细描述这一步骤及其功能。

ChatGPT：该功能实现代码如下：

```
% 假设之前已经完成了车辆检测（carobj）并计算了光流

% 1. 使用 vision.BlobAnalysis 对象分析车辆区域，提取面积和边界框
area = []; % 存储每个检测到的车辆的面积
bbox = []; % 存储每个车辆的边界框
hBlob = vision.BlobAnalysis('AreaOutputPort', true, 'BoundingBoxOutputPort', true);

% 计算 blob（连通区域）信息
[area, bbox] = step(hBlob, carobj); % 计算车辆区域的面积和边界框

% 2. 定义生长值和逻辑索引，用于筛选位于边界框右侧的车辆
grow = 100;  % 定义生长值，即边界框右侧的最小 x 坐标
idx = bbox(:,1) > grow;  % 找出位于边界框右侧的车辆

% 3. 计算选定车辆的宽高比
ratio = (bbox(:,3) .* bbox(:,4)) ./ area;  % 计算宽高比（边界框宽度*高度 / 面积）

% 4. 根据阈值筛选符合条件的车辆，宽高比大于 0.4
flag = ratio > 0.4;  % 标记宽高比大于 0.4 的车辆

% 5. 计算车辆数量
```

```
count = sum(flag);  % 统计符合条件的车辆数量

% 6. 更新不符合条件的车辆的边界框信息
bbox(~flag, :) = -1;  % 将不符合条件的车辆的边界框设置为 -1, 标记为不感兴趣区域

% 7. 使用 vision.ShapeInserter 绘制边界框
hShape1 = vision.ShapeInserter('Shape', 'Rectangles', 'BorderColor', 'Green', 'LineWidth', 2);
result = step(hShape1, frame, bbox);  % 在帧图像上绘制边界框

% 8. 在结果帧上添加文本, 显示车辆数量
hText = vision.TextInserter('Text', 'Vehicle Count: %d', 'Location', [10, 10], 'Color', [255, 255, 0], 'FontSize', 18);
result = step(hText, result, count);  % 在结果帧上添加车辆数量文本

% 9. 使用 VideoPlayer 显示原始帧、光流向量、阈值处理的车辆图像和结果帧
hVideo1 = vision.VideoPlayer('Position', [100, 100, 640, 480]);
hVideo2 = vision.VideoPlayer('Position', [750, 100, 640, 480]);
hVideo3 = vision.VideoPlayer('Position', [100, 600, 640, 480]);
hVideo4 = vision.VideoPlayer('Position', [750, 600, 640, 480]);

% 显示视频帧
step(hVideo1, frame);         % 显示原始视频帧
step(hVideo2, vector);        % 显示带有光流向量的视频帧
step(hVideo3, carobj);        % 显示二值化的车辆检测图像
step(hVideo4, result);        % 显示带有边界框和车辆数量的结果帧

pause(0.3);  % 控制视频播放速率
```

这段代码是车辆检测和跟踪的核心部分，包括车辆区域分析、边界框绘制和结果显示。首先通过 BlobAnalysis 对象提取连通区域的面积和边界框信息，然后根据宽高比过滤掉非车辆区域，统计符合特征的车辆数量。接着更新边界框数组，仅保留符合条件的部分，并使用 ShapeInserter 在原图上绘制这些候选车辆的矩形框。随后用 TextInserter 在图像左上角显示检测到的车辆数量。最后设置四个 VideoPlayer 窗口，分别展示原图、光流矢量、检测结果图和绘制边框图像，同时用 pause(0.3) 控制播放速度，实现多窗口同步显示车辆检测全过程。

9.3.6 调试

我们将上面的代码整合后放入Matlab进行调试，出现以下情况：

```
错误使用 vision.TextInserter/step
输入必须为数值或逻辑变量，或者为 fi 对象。

出错 test (line 114)
result = step(hText, result, numVehiclesStr);
```

因此，我们继续与ChatGPT交流并进行程序调试：

用户：出现了

‘错误使用 vision.TextInserter/step

输入必须为数值或逻辑变量，或者为 fi 对象。

出错 test (line 110)

result = step(hText, result, numVehiclesStr);’

对于这种错误，我应该怎么改正呢？

ChatGPT：

这个错误发生是因为 vision.TextInserter 的 step 函数的输入要求是一个数值、逻辑变量或 fi 对象，而你传递给它的是一个字符串 numVehiclesStr。为了修正这个问题，你需要将 numVehiclesStr 转换为适当的数值格式。

下面是一个简单的修正方法：

将车辆数量 count 转换为字符串：

○ 使用 sprintf 函数将车辆数量 count 格式化为字符串，而不是传递一个已格式化的字符串 numVehiclesStr。

修改后的代码如下：

```
% 计算车辆数量并转换为字符串
numVehiclesStr = sprintf('Vehicle Count: %d', count);

% 在结果帧上添加文本
result = step(hText, result, numVehiclesStr);  % 将文本插入到结果帧

```

sprintf('Vehicle Count: %d', count) 这行代码将车辆数量 count 格式化为一个字符串，例如：'Vehicle Count: 5'，其中 %d 是占位符，用于插入整数值。然后将这个格式化的字符串传递给 vision.TextInserter 对象的 step 函数。通过这种方式，可以确保文本内容正确地插入到结果图像中，并避免出现类型不匹配的问题。

9.3.7 封装整合

根据以上过程，可以获得该项目的整体实现程序，如下所示：

```
% 读取视频文件
videoFile = 'MyVideo.mp4';  % 输入视频文件路径
hReader = vision.VideoFileReader(videoFile);  % 创建视频读取对象

% 创建光流计算对象
hFlow = vision.OpticalFlow('Method', 'Lucas-Kanade');  % 创建光流对象，使用Lucas-Kanade算法

% 创建形态学处理器
hShape2 = vision.ShapeInserter('Shape', 'Lines', 'BorderColor', 'Green', 'LineWidth', 2);
hBlob = vision.BlobAnalysis('AreaOutputPort', true, 'BoundingBoxOutputPort', true);  % Blob分析，用于计算车辆区域的面积和边界框

% 创建平均器对象
hMean1 = vision.Mean;  % 平均计算器，用于计算光流幅度的平均值
hMean2 = vision.Mean;  % 第二个平均计算器

% 创建视频播放器对象
```

```
hVideo1 = vision.VideoPlayer('Position', [100, 100, 640, 480]);  % 原始视频显示
hVideo2 = vision.VideoPlayer('Position', [750, 100, 640, 480]);  % 光流向量显示
hVideo3 = vision.VideoPlayer('Position', [100, 600, 640, 480]);  % 二值化车辆检测显示
hVideo4 = vision.VideoPlayer('Position', [750, 600, 640, 480]);  % 结果显示

while ~isDone(hReader)
    % 1. 读取视频帧并转换为灰度图像
    frame = step(hReader);  % 读取当前帧
    gray = rgb2gray(frame);  % 转换为灰度图像

    % 2. 计算光流
    flow = step(hFlow, gray);  % 使用光流对象计算当前帧的光流场
    u = flow(:,:,1);  % 水平光流分量
    v = flow(:,:,2);  % 垂直光流分量
    magnitude = sqrt(u.^2 + v.^2);  % 计算光流幅度

    % 3. 计算阈值，进行车辆检测
    avg_magnitude = step(hMean1, magnitude);  % 计算光流幅度的平均值
    threshold_value = 0.5 * avg_magnitude;  % 设置阈值

    carobj = magnitude > threshold_value;  % 二值化处理，车辆区域为1，非车辆区域为0
    carobj = imclose(carobj, strel('disk', 5));  % 形态学闭操作，连接区域
    carobj = imerode(carobj, strel('disk', 3));  % 腐蚀操作，去除噪声

   % 4. 分析车辆区域，绘制边界框
   [area, bbox] = step(hBlob, carobj);  % 使用Blob分析提取面积和边界框
   grow = 100;  % 生长值
   idx = bbox(:,1) > grow;  % 筛选位于边界框右侧的车辆
   ratio = (bbox(:,3) .* bbox(:,4)) ./ area;  % 计算车辆的宽高比
   flag = ratio > 0.4;  % 筛选符合条件的车辆，宽高比大于0.4

   % 统计符合条件的车辆数量
   count = sum(flag);  % 计算符合条件的车辆数量
   bbox(~flag, :) = -1;  % 将不符合条件的车辆的边界框设置为 -1

   % 5. 绘制边界框和车辆数量
   hShape1 = vision.ShapeInserter('Shape', 'Rectangles', 'BorderColor', 'Green', 'LineWidth', 2);  % 创建形状插入器，用于绘制矩形
   result = step(hShape1, frame, bbox);  % 绘制边界框

   % 6. 添加文本，显示车辆数量
   numVehiclesStr = sprintf('Vehicle Count: %d', count);  % 格式化车辆数量为字符串
   hText = vision.TextInserter('Text', numVehiclesStr, 'Location', [10, 10], 'Color', [255, 255, 0], 'FontSize', 18);  % 创建文本插入器
   result = step(hText, result);  % 在结果图像上插入文本

   % 7. 使用视频播放器显示不同的结果
   step(hVideo1, frame);          % 显示原始视频帧
   step(hVideo2, carobj);         % 显示带有光流向量的图像
   step(hVideo3, carobj);         % 显示二值化后的车辆检测图像
   step(hVideo4, result);         % 显示带有边界框和车辆数量的结果帧

   pause(0.3);  % 控制视频播放速率
end

% 关闭视频播放器
release(hVideo1);
release(hVideo2);
release(hVideo3);
release(hVideo4);
```

这段代码实现了一个简单的车辆检测和跟踪系统，可以检测视频中的运动车辆，并在结果视频中显示车辆的位置和数量。光流计算用于跟踪运动，而阈值处理和形态学操作用于车辆检测和目标增强。最后，通过视频播放器对象，可以实时观察车辆检测和跟踪的结果。

9.4 结果展示

在 Matlab 中执行以上完整代码后，可以看到四个视频播放器窗口打开，分

别显示以下内容：

①“hVideo1”：原始视频，显示从“MyVideo.mp4”视频文件中读取的帧。

②“hVideo2”：运动矢量，显示每帧图像上的运动矢量，这些矢量是通过光流计算得出的。

③“hVideo3”：二值化车辆检测结果，显示经过阈值处理和形态学操作后的车辆检测结果。

④“hVideo4”：结果视频，显示在车辆区域上绘制的边界框和文本信息，以及车辆数量的统计信息。

视频播放器会逐帧播放处理后的视频，以实时显示车辆检测和跟踪的结果。这些窗口将在代码执行期间一直保持打开状态，直到手动关闭它们或执行脚本的其余部分，输出结果如图9-4所示，第77帧时有2辆汽车通过栏杆。并且，具体的视频内容和检测结果将取决于输入视频文件和代码中的参数设置。

图9-4 检测结果展示

9.5 小结

本章介绍了一种基于光流场的交通汽车检测和跟踪系统。通过Matlab，我们构建了一个视频处理流程，从视频中提取帧并计算光流来追踪运动。光流场的幅度用于阈值处理和形态学操作，从而检测车辆目标并增强其连通性。进一步地，我们分析车辆区域，计算宽高比以筛选出车辆目标，然后在图像上绘制边界框并显示结果。这个系统通过视频播放器实时展示车辆检测和跟踪结果，可应用于交通监控、智能交通管理等领域，提供有用的信息和可视化效果。这个示例突显了光流场在目标跟踪中的应用，并演示了如何将图像处理技术与实时视频分析相结合，以解决交通汽车检测和跟踪的挑战。

第 10 章

基于视觉的路面裂缝检测

10.1 裂缝检测背景

路面裂缝检测是道路维护和管理中的重要环节，它能够及时发现路面裂缝问题，预防路面损坏和交通事故的发生。通过对路面裂缝的检测分析，可以及时制定修复计划，延长路面的使用寿命，提高道路安全性和舒适度。因此，路面裂缝检测技术的发展和应用对于道路建设和维护具有重要意义。

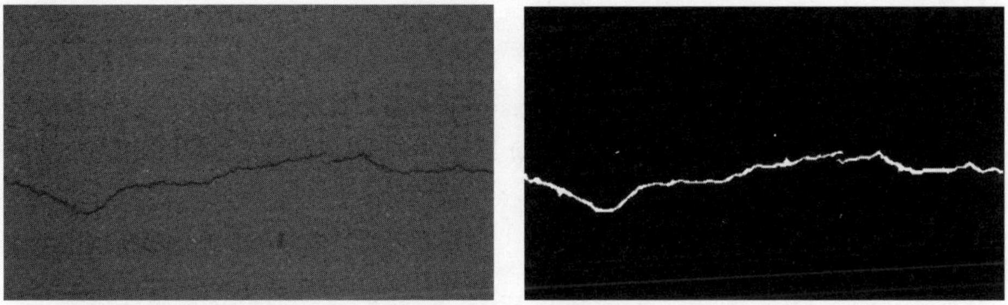

图10-1　路面裂缝检测

目前基于线状特征的路面裂缝检测方法正处于不断发展的阶段。随着计算机视觉和图像处理技术的不断进步，研究者们提出了各种基于线状特征的路面裂缝检测算法。这些算法首先提取路面图像中的线状特征，如边缘、纹理等，然后利用机器学习或深度学习方法对裂缝进行识别和分割，如图10-1所示。目前，这些方法在一定程度上取得了一定的成果，但仍然面临着诸多挑战，如对不同光照条件下的图像进行准确检测、对裂缝与路面其他特征的区分等问题。本章通过与ChatGPT交流，从技术原理和程序代码等方面深入了解路面裂缝检测技术。

10.2 裂缝检测原理

当前对于路面裂缝的检测大多还是对裂缝本身所具有“线状”的特征进行学习并识别检测。

10.2.1 图像获取

路面裂缝检测首先要获取道路表面的图像或视频。这些图像通常由车载摄像头、无人机、卫星图像或其他图像采集设备捕捉而来，并将作为检测的输入。

10.2.2 直方图均衡化

直方图均衡化（histogram equalization）是一种增强图像对比度（image contrast）的方法，其主要思想是将一幅图像的直方图分布通过累积分布函数变成近似均匀分布，从而增强图像的对比度。为了将原图像的亮度范围进行扩展，需要一个映射函数，将原图像的像素值均衡映射到新直方图中，这个映射函数有两个条件：

① 不能打乱原有的像素值大小顺序，映射后亮、暗的大小关系不能改变；

② 映射后必须在原有的范围内，即像素映射函数的值域应在0 ～ 255之间。

综合以上两个条件，累积分布函数是个好的选择，因为累积分布函数是单调增函数（控制大小关系），并且值域是0 ～ 1（控制越界问题），所以直方图均衡化中使用的是累积分布函数。

具体来说，直方图均衡化可以看作是一种映射，对原图中的像素点施加映射使其转换为新的图像。在直方图均衡化中，我们保持像素值的单调性，即：

$$q_1 = f(p_1)$$

$$q_2 = f(p_2)$$

若$p_1<p_2$，则$q_1<q_2$。其中p和q为原图和新图中的像素值，h和g为原图和新图中的像素值分布函数。由h和g之间的像素值是一一对应且单调的，可以得出：

$$\int_p h(a)\,\mathrm{d}a = \int_q h(b)\,\mathrm{d}b$$

即区间$[0, p]$中的像素数和区间$[0, q]$中的像素数是相等的。因此，每个对应的像素值的累积概率函数是相等的：

$$\int_0^p h(a)\,\mathrm{d}a = \int_0^q h(b)\,\mathrm{d}b$$

10.2.3 中值滤波去噪

中值滤波是一种常用于去噪的图像处理技术，它的原理是基于局部像素值的中值来替代每个像素的值。中值滤波主要用于去除图像中的椒盐噪声和脉冲噪声，这些噪声会导致图像中出现明显的亮或暗点。中值滤波主要有以下的步骤：

① 滤波窗口的选择：中值滤波是一种基于局部像素的滤波方法，因此需要

选择一个滤波窗口或卷积核。滤波窗口通常是一个正方形或矩形区域，其大小取决于需要处理的噪声类型和程度。较大的窗口可以更好地去除大面积的噪声，但可能导致图像细节的损失。

② 窗口移动：将滤波窗口沿着图像的每个像素位置进行滑动。对于每个窗口位置，窗口中包含的像素被提取出来以进行处理。

③ 计算中值：对于每个窗口中的像素集合，将这些像素按灰度值进行排序，并选择其中位数（中值）作为新的像素值。中值是将像素值从小到大排列后位于中间位置的值。这个中值将替代原始像素的值。

④ 重复操作：上述步骤在整个图像上重复进行，直到所有像素都被处理。这样，整个图像将通过中值滤波进行去噪，每个像素都用其邻域内的中值来替代。

10.2.4 二值图像滤波

二值图像滤波是一种用于处理二值化图像的图像处理技术，其主要目的是去除图像中的噪声、平滑边缘、填充空洞或连接断裂的二值图像特征。这种滤波技术通常应用于字符识别、形状分析、物体检测等领域。下面是二值图像滤波的技术原理。

① 图像二值化：二值图像滤波的第一步是将灰度图像或彩色图像转换为二值图像。这意味着将图像中的像素分为两个类别：前景（物体）和背景。通常，根据某个阈值将像素分成这两个类别，阈值之上的像素属于前景，阈值之下的像素属于背景。

② 滤波核的定义：在二值图像滤波中，需要定义一个滤波核（也称为结构元素），该核的形状和大小取决于所需的滤波效果。滤波核通常是一个小的二值矩阵，包含前景（通常表示为1）和背景（通常表示为0）的像素。

③ 滤波操作：滤波核从二值图像的每个像素位置开始扫描，将核的中心与当前像素对齐。然后，对于每个核中的像素位置，执行滤波操作，通常是逐像素的逻辑运算。

腐蚀（erosion）：腐蚀操作通常用于缩小或消除前景物体的小孔或凸出部分。在滤波核覆盖的区域内，如果核内的所有像素与图像中的对应像素都匹配（都是前景），则中心像素保持为前景（1），否则，它被设置为背景（0）。

膨胀（dilation）：膨胀操作通常用于扩大前景物体或填充前景物体中的空洞。在滤波核覆盖的区域内，如果核内的至少一个像素与图像中的对应像素匹配（都是前景），则中心像素被设置为前景（1），否则，它被设置为背景（0）。

开运算（opening）：开运算是先执行腐蚀操作，然后再执行膨胀操作的组合。它通常用于去除小的噪点和断裂的细节。

闭运算（closing）：闭运算是先执行膨胀操作，然后再执行腐蚀操作的组合。它通常用于连接断裂的前景部分或填充小的空洞。

④ 结果图像：通过滤波核的扫描和滤波操作，将生成一个新的二值图像，其中前景和背景的像素已根据所选的滤波操作进行了修改。

10.2.5 对比度增强

对比度增强算法是一种用于增强图像对比度的图像处理技术。通过调整图像的灰度级别分布，使图像中的细节更加清晰可见，同时保留图像的整体亮度和色彩信息。对比度增强算法的技术原理如下。

① 直方图分析：对于灰度图像，首先需要对图像的直方图进行分析。直方图是一个统计图，显示了不同灰度级别在图像中的分布情况。通常横轴表示灰度级别，纵轴表示像素的数量。

② 线性变换：最简单的对比度增强方法之一是线性变换。这种方法通过对每个像素的灰度值进行缩放和平移来调整对比度。线性变换的通用形式如下。

$$g(x,y)=af(x,y)+b$$

其中，$f(x, y)$是原始图像中的像素值；$g(x, y)$是增强后的像素值；a和b是调整参数。a控制对比度的缩放，b控制亮度的平移。通过调整这两个参数，可以实现对比度的增强。

③ 直方图均衡化：直方图均衡化是一种常用于对比度增强的非线性方法。它的原理是将图像的灰度级别重新映射，以使每个灰度级别的像素数量均匀分布在整个灰度范围内。具体步骤如下：

a. 计算原始图像的直方图，获得每个灰度级别的像素数量。

b. 计算累积分布函数（CDF），表示每个灰度级别在直方图中的累积分布。

c. 根据CDF将每个像素的灰度级别映射到新的值，从而实现对比度增强。通常使用以下公式进行映射：

$$g(x,y)=\frac{CDF[f(x,y)]-CDF_{\min}}{1-CDF_{\min}}(L-1)$$

其中，$CDF[f(x,y)]$表示原始图像中像素值$f(x,y)$的累积分布函数值；$CDF_{\min}$是CDF的最小值；L是灰度级别的总数。直方图均衡化可以显著增强图像的对比度，但有时会导致图像的亮度变化，因此可能需要进一步调整以达到所需效果。

④ 自适应对比度增强：不同区域的图像可能具有不同的对比度需求。在这种情况下，可以使用自适应对比度增强算法，它根据图像局部特征动态调整对比度。一种常见的方法是局部直方图均衡化（CLAHE），将图像分成小块，分别进行直方图均衡化，以避免全局对比度增强可能导致的亮度问题。

通过上述技术，对比度增强算法可以调整图像的灰度级别分布，从而提高图像的视觉质量和信息传递能力。

10.2.6 二值化处理

二值化处理是一种将灰度图像转换为二值图像（只包含两个值，通常是0和1或黑和白）的图像处理技术。它的主要目的是将图像中的像素分为两个类别：前景和背景。前景通常表示感兴趣的对象，背景通常表示不感兴趣的区域。二值化处理的技术原理如下。

① 选择阈值：二值化处理的第一步是选择一个适当的阈值，它用于将图像的灰度级别划分为两个类别。阈值可以手动选择，也可以根据图像内容自动确定。常见的自动阈值选择方法包括OTSU阈值算法、自适应阈值等。

② 像素分类：一旦阈值确定，图像中的每个像素都将被分类为前景或背景。通常情况下，当像素的灰度值大于或等于阈值时，它被分类为前景（通常表示为1或白色）；当像素的灰度值小于阈值时，它被分类为背景（通常表示为0或黑色）。

③ 创建二值图像：将像素分类后，即可创建二值图像。在二值图像中，前景像素对应于感兴趣的区域，背景像素对应于不感兴趣的区域。这个过程可以看作是将灰度图像中的信息进行了压缩，只保留了感兴趣的目标。

④ 后处理（可选）：在某些情况下，可以对二值图像进行后处理以去除小的噪点或填充孤立的空洞，能够有效改善二值图像的质量和连通性。

二值化处理的技术原理非常简单，它通过比较每个像素的灰度值与阈值来决定其分类。这种处理在图像分割、物体检测、字符识别等应用中非常常见，因为它可以帮助将图像中的目标从背景中分离出来，以便后续分析和处理。选择适当的阈值是二值化处理的关键，它通常需要根据具体应用的需求和图像的特性来确定。

10.3 裂缝检测步骤

用户：请问基于视觉的路面裂缝检测的一般步骤有哪些？

ChatGPT：使用线状特征检测裂缝通常涉及以下一般步骤。

基于视觉的路面裂缝检测的一般步骤

1. **图像获取**
   通过高分辨率工业相机、无人机航拍、车辆搭载的路面检测设备等方式采集路面图像，确保图像覆盖目标检测区域，并在光照、拍摄角度和分辨率等方面尽量保持一致，为后续处理提供可靠数据源。
2. **图像预处理**
   为了增强裂缝特征并减少噪声干扰，需要对原始图像进行多种预处理操作：
   - **直方图均衡化**：调整图像的灰度分布，提升图像整体对比度，使裂缝细节更加清晰。
   - **中值滤波去噪**：使用中值滤波器去除椒盐噪声等高频干扰，同时保留边缘信息，避免裂缝边界被模糊化。
   - **对比度增强**：进一步提升裂缝与背景的亮度差异，使细小裂缝更加显著。
   - **二值化处理**：将图像转化为黑白二值图，将裂缝区域与背景有效分离。
   - **二值图像滤波**：通过形态学操作（如腐蚀、膨胀、开闭运算等）去除孤立噪点，平滑裂缝边界，提高后续特征提取的准确性。
3. **特征学习与提取**
   针对裂缝在形态、纹理和灰度等方面的共有特征，利用传统图像处理方法（如边缘检测、纹理分析、方向梯度直方图等）或基于机器学习/深度学习的特征提取方法，对裂缝区域进行特征建模。
4. **裂缝识别与筛选**
   基于提取的特征，采用分类器、分割网络或规则判断等方法识别裂缝区域，并结合几何形态（长度、宽度、走向等）和连接性对检测结果进行筛选，去除误检区域，最终得到精确的裂缝分布信息。

通过上面对ChatGPT的询问，裂缝检测技术的一般步骤如下：首先进行图像获取，然后对于获取到的图像进行预处理，包括直方图均衡化、中值滤波去噪、对比度增强、二值化处理和二值图像滤波。然后针对图像中共有的特征进行学习和提取。最后基于特征提取的结果，进行裂缝识别和筛选。

整体步骤流程参考图10-2，其中预处理流程参考图10-3。

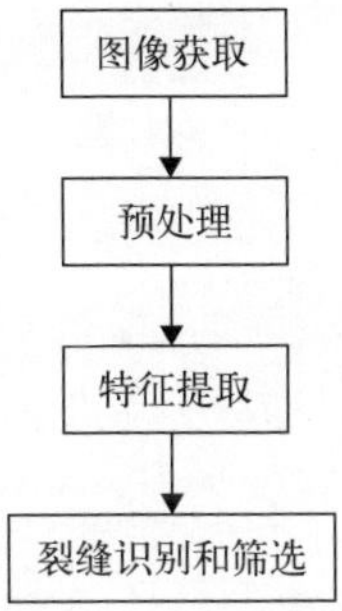

图10-2　检测流程图

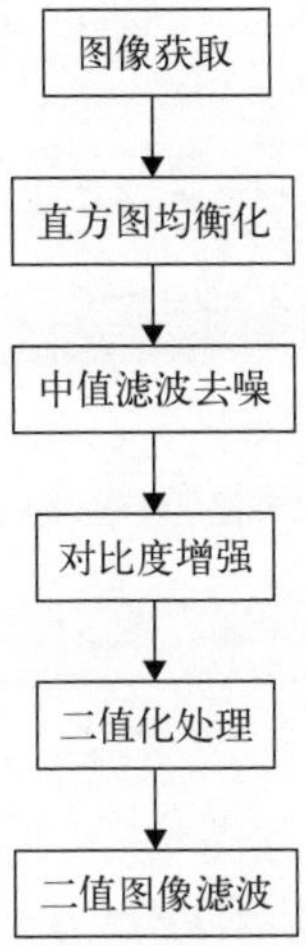

图10-3　预处理流程

10.4　程序实现

10.4节的内容都是接着10.3节的ChatGPT对话场景继续往下生成的。

10.4.1　图像获取

用户：请帮我写一段Matlab代码模板，作用是读取本地的数据集图片。

ChatGPT：以下是一段能够实现读取本地数据集图片的代码。

```
% 读取本地图像数据集的MATLAB模板

% 1. 设置图像数据集路径（用户需根据实际路径修改）
datasetPath = 'D:\MyDataset\';  % 数据集文件夹路径

% 2. 列出该路径下所有.jpg文件（可改为.png等）
imageFiles = dir(fullfile(datasetPath, '*.jpg'));

% 3. 创建空单元数组用于存储图像数据
imageData = cell(1, length(imageFiles));

% 4. 循环读取每一张图像
for i = 1:length(imageFiles)
    % 获取当前图像的完整路径
    imgPath = fullfile(datasetPath, imageFiles(i).name);

    % 读取图像
```

```
    img = imread(imgPath);

    % 存储到单元数组
    imageData{i} = img;

    % 显示图像（用于检查是否读取正确）
    imshow(img);
    title(['图像 ' num2str(i) ': ' imageFiles(i).name], 'Interpreter', 'none');
    pause(0.5);  % 暂停0.5秒以便查看
end

% 此时，所有图像数据都存储在 imageData 中

```

这一代码的目的是读取本地的图像数据集。首先设置图像数据集的路径，并列出该路径下所有指定扩展名的图像文件（如.jpg）。然后创建一个空的单元数组 imageData 用于存储读取到的图像数据。接下来，通过一个 for 循环依次读取每一张图像，使用 imread 函数读入图像并保存在 imageData 中。为了确认读取正确，代码还在每次循环中用 imshow 显示图像并加上标题。最终，所有图像将被存入 imageData 数组，便于后续进行批量处理、分析或训练等操作。

这段代码通过定位数据集文件夹，找到符合特定文件扩展名的图像文件，接着逐一读取这些图像文件并将它们存储在一个数组中，最终为后续的图像处理和分析提供了基础数据。用户只需根据自己的数据集路径和图像类型进行必要的配置。

10.4.2 直方图均衡化

用户：请帮我写一段直方图均衡化的Matlab代码模板。

ChatGPT：直方图均衡化代码如下。

```
% 1. 读取输入图像
inputImage = imread('输入图像路径.jpg');  % 请将'输入图像路径.jpg'替换为实际图像文件的路径

% 2. 执行直方图均衡化
outputImage = histeq(inputImage);  % 对输入图像进行直方图均衡化，得到均衡化后的图像

% 3. 显示原始图像和均衡化后的图像
figure;
subplot(1, 2, 1);  % 创建一个1行2列的子图，显示原始图像
imshow(inputImage);
title('原始图像');

subplot(1, 2, 2);  % 显示均衡化后的图像
imshow(outputImage);
```

```
title('均衡化后的图像');

% 4. 保存均衡化后的图像
imwrite(outputImage, '保存路径.jpg');  % 请将'保存路径.jpg'替换为保存图像的路径和文件名

```

这段 Matlab 代码实现图像直方图均衡化并展示、保存处理后图像。首先，imread函数读取指定路径的输入图像；接着，histeq函数对读取的图像进行直方图均衡化操作，改善图像对比度；然后，利用figure创建绘图窗口，subplot划分子图区域，分别用imshow显示原始图像和均衡化后的图像，并通过title添加标题标注；最后，imwrite函数将均衡化后的图像保存到指定路径。

10.4.3 中值滤波去噪

用户：请帮我写一段中值滤波去噪的Matlab代码。

ChatGPT：中值滤波去噪部分代码如下。

```
% 直方图均衡化的MATLAB代码模板

% 1. 读取原始图像（用户需修改图像路径）
inputImagePath = 'D:\MyDataset\example.jpg';
originalImage = imread(inputImagePath);

% 2. 如果是彩色图像，转换为灰度图
if size(originalImage, 3) == 3
    grayImage = rgb2gray(originalImage);
else
    grayImage = originalImage;
end

% 3. 使用 histeq 进行直方图均衡化
equalizedImage = histeq(grayImage);

% 4. 显示原图和均衡化后的图像
figure;
subplot(1, 2, 1);
imshow(grayImage);
title('原始灰度图像');

subplot(1, 2, 2);
imshow(equalizedImage);
title('直方图均衡化后图像');

% 5. 保存均衡化后的图像（用户需修改保存路径）
outputImagePath = 'D:\MyDataset\example_equalized.jpg';
imwrite(equalizedImage, outputImagePath);

```

```
disp('直方图均衡化处理完成，图像已保存。');

```

这段 Matlab 代码用于对输入图像进行中值滤波去噪处理。首先，imread 函数读取指定路径的图像；接着，定义中值滤波窗口大小 windowSize（这里设为 3，可按需调整为其他奇数值）；然后，medfilt2 函数基于设定窗口对输入图像执行中值滤波，去除噪声得到去噪图像；再通过 figure 创建绘图窗口，subplot 划分 1 行 2 列子图，分别用 imshow 显示原始图像和去噪后图像，并以 title 添加对应标题；最后，imwrite 函数将去噪后的图像保存到指定路径。

10.4.4 对比度增强

用户：请帮我写一段对比度增强的 Matlab 代码。

ChatGPT：对比度增强部分代码如下。

```
% 对比度增强的MATLAB代码模板

% 1. 读取原始图像（用户需修改图像路径）
inputImagePath = 'D:\MyDataset\example.jpg';
originalImage = imread(inputImagePath);

% 2. 如果是彩色图像，转换为灰度图（对比度增强通常在灰度图上进行）
if size(originalImage, 3) == 3
    grayImage = rgb2gray(originalImage);
else
    grayImage = originalImage;
end

% 3. 使用 imadjust 进行对比度增强
% 将像素值映射到 [0.2, 0.8] 区间，数值可按需调整
enhancedImage = imadjust(grayImage, [0.2 0.8], []);

% 4. 显示原图与增强后的图像
figure;
subplot(1, 2, 1);
imshow(grayImage);
title('原始灰度图像');

subplot(1, 2, 2);
imshow(enhancedImage);
title('对比度增强后图像');

% 5. 保存处理后的图像（用户需修改保存路径）
outputImagePath = 'D:\MyDataset\example_enhanced.jpg';
imwrite(enhancedImage, outputImagePath);

disp('对比度增强处理完成，图像已保存。');

```

这段 Matlab 代码实现对图像的对比度增强操作。首先，imread函数从指定路径读取输入图像；接着，imadjust函数对输入图像进行对比度调整，将图像像素值映射到 [0.2, 0.8] 区间（该区间可按需修改），得到对比度增强后的图像；然后，figure创建绘图窗口，subplot划分 1 行 2 列子图，分别用imshow展示原始图像和处理后的图像，并以title标注相应标题；最后，imwrite函数把对比度增强后的图像保存到指定路径。

10.4.5 二值化处理

用户：请帮我写一段二值化处理的Matlab代码。

ChatGPT：二值化处理部分代码如下所示。

```
% 二值化处理的MATLAB代码模板

% 1. 读取灰度图像（用户需修改图像路径）
inputImagePath = 'D:\MyDataset\example_gray.jpg';
grayImage = imread(inputImagePath);

% 如果是彩色图像，先转为灰度图
if size(grayImage, 3) == 3
    grayImage = rgb2gray(grayImage);
end

% 2. 设置二值化阈值（0~255）
threshold = 128; % 可根据需求调整
binaryImage = grayImage > threshold;

% 3. 显示原图与二值化结果
figure;
subplot(1, 2, 1);
imshow(grayImage);
title('原始灰度图像');

subplot(1, 2, 2);
imshow(binaryImage);
title(['二值化图像 (阈值 = ' num2str(threshold) ')']);

% 4. 保存二值化图像（保存为逻辑图像会自动映射到黑白）
outputImagePath = 'D:\MyDataset\example_binary.jpg';
imwrite(binaryImage, outputImagePath);

disp('二值化处理完成，图像已保存。');

```

这段 Matlab 代码用于实现灰度图像的二值化处理。首先，imread 函数读取指定路径的灰度图像；接着，设定阈值 threshold（这里设为 128，可按需调整），通过比较灰度图像中像素值与阈值的大小，将大于阈值的像素设为 1，其余设为 0，得到二值化图像；然后，利用 figure 创建绘图窗口，subplot 划分 1 行 2 列子图，分别用 imshow 显示原始灰度图像和二值化后的图像，并以 title 添加对应标题；最后，imwrite 函数将二值化图像保存到指定路径。

10.4.6 二值图像滤波

用户：请帮我写一段二值图像滤波的 Matlab 代码。

ChatGPT：以下是一段二值图像滤波的代码。

```
% 二值图像滤波的MATLAB代码模板

% 1. 读取二值图像（用户需修改路径）
inputImagePath = 'D:\MyDataset\example_binary.jpg';
binaryImage = imread(inputImagePath);

% 如果读取的图像是灰度图或彩色图，先转为二值逻辑类型
if size(binaryImage, 3) == 3
    binaryImage = rgb2gray(binaryImage);
end
binaryImage = imbinarize(binaryImage);

% 2. 设置最小对象像素数（小于该值的对象将被移除）
minObjectSize = 500; % 可按需调整
filteredImage = bwareaopen(binaryImage, minObjectSize);

% 3. 显示原始与滤波后的二值图像
figure;
subplot(1, 2, 1);
imshow(binaryImage);
title('原始二值图像');

subplot(1, 2, 2);
imshow(filteredImage);
title(['滤波后的二值图像 (最小对象 = ' num2str(minObjectSize) ' 像素)']);

% 4. 保存滤波后的图像
outputImagePath = 'D:\MyDataset\example_binary_filtered.jpg';
imwrite(filteredImage, outputImagePath);

disp('二值图像滤波完成，结果已保存。');
```

这段 Matlab 代码用于对二值图像进行滤波处理。首先，通过imread函数读取指定路径的二值图像；接着，设置minObjectSize（这里设为500，可按需调整），利用bwareaopen函数去除二值图像中像素数小于该设定值的对象，得到滤波后的图像；然后，使用figure创建绘图窗口，subplot划分1行2列子图，分别用imshow展示原始二值图像和滤波后的二值图像，并通过title添加相应标题；最后，imwrite函数将滤波后的二值图像保存到指定路径。

10.4.7 特征提取

用户：请帮我写一段特征提取的Matlab代码。

ChatGPT：特征提取部分代码如下。

```
% 图像特征提取的MATLAB代码模板
% 特征包括：颜色、纹理、形状

% 1. 读取图像（用户需修改路径）
inputImagePath = 'D:\MyDataset\example.jpg';
img = imread(inputImagePath);

% ==========================
% 颜色特征提取
% ==========================
% 分离 RGB 通道
R = img(:, :, 1);
G = img(:, :, 2);
B = img(:, :, 3);

% 计算并显示直方图
figure;
subplot(3, 1, 1);
imhist(R);
title('红色通道直方图');

subplot(3, 1, 2);
imhist(G);
title('绿色通道直方图');

subplot(3, 1, 3);
imhist(B);
title('蓝色通道直方图');

disp('颜色特征提取完成（RGB直方图已显示）。');

```

```
% ========================
% 纹理特征提取
% ========================
% 转为灰度图
grayImg = rgb2gray(img);

% 计算灰度共生矩阵
glcm = graycomatrix(grayImg, 'Offset', [0 1; -1 1; -1 0; -1 -1]);

% 提取纹理特征（对比度、相关性、能量、均匀性）
statsTexture = graycoprops(glcm, {'Contrast', 'Correlation', 'Energy', 'Homogeneity'});
disp('纹理特征：');
disp(statsTexture);

% ========================
% 形状特征提取
% ========================
% 转为二值图
bwImg = imbinarize(grayImg);

% 获取形状特征（面积、周长、离心率等）
statsShape = regionprops(bwImg, 'Area', 'Perimeter', 'Eccentricity', 'BoundingBox');
disp('形状特征：');
disp(statsShape);

% ========================
% 显示原图
% ========================
figure;
imshow(img);
title('原始图像');

disp('特征提取完成，结果已在命令窗口显示。');

```

这段 Matlab 代码实现图像的特征提取，涵盖颜色、纹理、形状特征。首先，imread读取指定路径图像。颜色特征提取时，将图像拆分为 RGB 通道，imhist计算各通道直方图并展示。纹理特征提取中，rgb2gray把图像转为灰度图，graycomatrix计算灰度共生矩阵（GLCM），graycoprops提取 GLCM 的对比度、能量等统计特征并显示。形状特征提取环节，imbinarize将灰度图转为二值图，regionprops计算区域面积、周长、离心率等特征并输出。最后，展示原始图像，并在命令窗口打印提取的所有特征。

10.4.8 裂缝识别和筛选

用户：请帮我写一段裂缝识别和筛选的Matlab代码。

ChatGPT：裂缝识别和筛选代码如下。

```
function crack_detection_and_filtering(image_path)
    % 读取图像
    img = imread(image_path);
    % 转灰度图（如果是彩色）
    if size(img,3) == 3
        gray_img = rgb2gray(img);
    else
        gray_img = img;
    end

    % 对比度增强
    enhanced_img = imadjust(gray_img, [0.2 0.8], []);

    % 二值化（这里用自适应阈值，也可以用固定阈值）
    bw = imbinarize(enhanced_img, 'adaptive', 'ForegroundPolarity', 'dark', 'Sensitivity', 0.4);

    % 形态学处理：去除小噪点，填补裂缝间隙
    bw_clean = bwareaopen(bw, 50);  % 去除小于50像素的连通区域
    se = strel('line', 5, 0); % 结构元素：长度5的线
    bw_dilated = imdilate(bw_clean, se); % 膨胀连接裂缝断点

    % 连通区域分析，筛选裂缝区域
    cc = bwconncomp(bw_dilated);
    stats = regionprops(cc, 'Area', 'Eccentricity');

    % 筛选条件：面积大于100，形状偏长 (Eccentricity接近1)
    idx = find([stats.Area] > 100 & [stats.Eccentricity] > 0.8);
    bw_filtered = ismember(labelmatrix(cc), idx);

    % 显示结果
    figure;
    subplot(2,2,1), imshow(img), title('原始图像');
    subplot(2,2,2), imshow(gray_img), title('灰度图像');
    subplot(2,2,3), imshow(bw_filtered), title('裂缝识别结果');
    subplot(2,2,4), imshow(bw_dilated), title('形态学处理结果');
end

```

这段 Matlab 代码用于裂缝识别与提取。通过Matlab丰富的图像处理函数，完成了从图像读取、灰度转换、对比度增强、自适应二值化分割、形态学去噪连接到连通区域特征筛选的一整套裂缝检测流程。使用imadjust增强对比度，imbinarize进行自适应阈值分割，bwareaopen和imdilate形态学操作，结合regionprops提取面积和形状特征完成筛选，效果较为稳健。

10.4.9 封装整合

用户：请将上面的七个代码块尽可能合理有效地封装成函数，方便内部调用，并将它们组合到一起，最终完成路面裂缝检测的任务，并将最终的完整代码全部输出。

ChatGPT：封装整合的完整代码如下。

```
function crack_detection_full_pipeline(datasetPath)
    % 路面裂缝检测完整流程
    % 输入:
    %   datasetPath - 图像数据集文件夹路径(字符串)
    %
    % 调用示例:
    % crack_detection_full_pipeline('D:\MyDataset\');

    % 读取图像文件列表
    imageFiles = dir(fullfile(datasetPath, '*.jpg'));
    numImages = length(imageFiles);

    for i = 1:numImages
        imgPath = fullfile(datasetPath, imageFiles(i).name);
        original_img = imread(imgPath);

        % 1. 转灰度图
        gray_img = convert_to_gray(original_img);

        % 2. 直方图均衡化
        hist_eq_img = hist_equalize(gray_img);

        % 3. 中值滤波去噪
        denoised_img = median_filter(hist_eq_img);

        % 4. 对比度增强
        enhanced_img = contrast_enhance(denoised_img);

        % 5. 二值化处理
        binary_img = adaptive_binarize(enhanced_img);

        % 6. 二值图像滤波
        filtered_binary = binary_filter(binary_img);

        % 7. 裂缝识别和筛选(形态学处理 + 连通区域筛选)
        morph_img = morph_process(filtered_binary);
        crack_mask = region_filter(morph_img);

        % 显示结果图(左上:原始,右上:灰度,左下:裂缝检测结果,右下:形态学处理)
        figure;
        subplot(2,2,1), imshow(original_img), title('原始图像');
        subplot(2,2,2), imshow(gray_img), title('灰度图像');
        subplot(2,2,3), imshow(crack_mask), title('裂缝检测结果');
        subplot(2,2,4), imshow(morph_img), title('形态学处理');
    end
end

function gray_img = convert_to_gray(img)
    if size(img,3) == 3
        gray_img = rgb2gray(img);
    else
        gray_img = img;
    end
end

```

```
function eq_img = hist_equalize(gray_img)
    eq_img = histeq(gray_img);
end

function denoised_img = median_filter(img)
    denoised_img = medfilt2(img, [3 3]);
end

function enhanced_img = contrast_enhance(img)
    enhanced_img = imadjust(img, [0.2 0.8], []);
end

function bw = adaptive_binarize(img)
    bw = imbinarize(img, 'adaptive', 'ForegroundPolarity', 'dark', 'Sensitivity', 0.4);
end

function filtered = binary_filter(bw)
    filtered = bwareaopen(bw, 50);
end


function morph_img = morph_process(bw)
    se = strel('line', 5, 0);
    morph_img = imdilate(bw, se);
end

function crack_mask = region_filter(morph_img)
    cc = bwconncomp(morph_img);
    stats = regionprops(cc, 'Area', 'Eccentricity');
    idx = find([stats.Area] > 100 & [stats.Eccentricity] > 0.8);
    crack_mask = ismember(labelmatrix(cc), idx);
end

```

这段代码实现了一个完整的路面裂缝检测流程，涵盖了从图像读取到裂缝识别的各个关键步骤。首先，程序批量读取指定文件夹中的所有图像文件，并对每张图像依次处理。处理过程中，先将彩色图像转换为灰度图，然后通过直方图均衡化提升图像整体对比度，接着采用中值滤波去除噪声，增强图像的平滑度。之后，利用对比度增强函数对图像细节进行进一步强化，方便后续分割。分割环节采用自适应阈值二值化方法，能够根据局部图像特征动态确定阈值，更准确地分离出裂缝区域。随后，对得到的二值图像应用面积滤波，去除小面积噪点，保留潜在的裂缝区域。接下来，通过形态学膨胀操作连接断裂的裂缝，增强裂缝连贯性。最后利用连通区域分析，根据面积和形状的偏心率筛选出符合裂缝特征的区域，剔除干扰部分。整条流程结果通过四宫格图显示，分别展示原始图像、灰度图像、裂缝检测结果和形态学处理效果，便于直观评估算法性能。这种模块化设计不仅逻辑清晰，而且便于针对每个处理步骤调整参数，实现灵活优化和扩展。

10.5 结果展示

结果展示如图10-4所示。

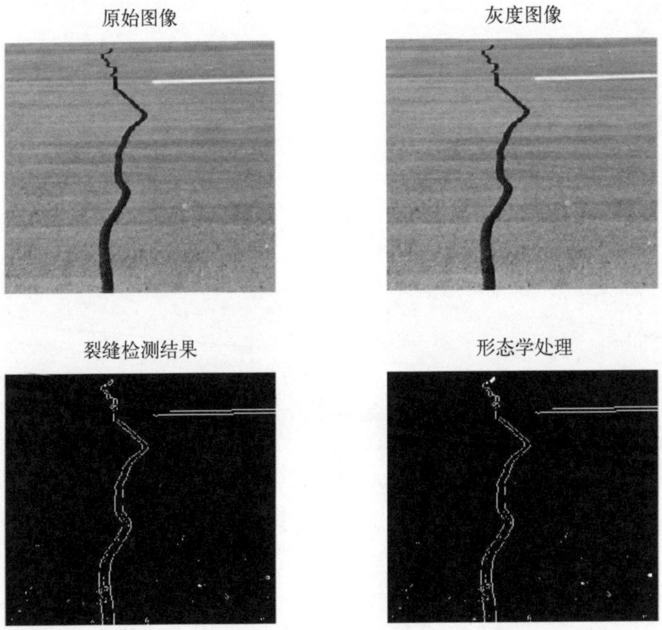

图10-4 结果展示

10.6 小结

本章详细阐述了路面裂缝检测的背景和核心原理，包括图像获取、图像预处理、直方图均衡化、中值滤波去噪、二值图像滤波、对比度增强和二值化处理。接着通过ChatGPT对检测过程的每个部分进行代码示例的输出，方便我们后续对整体代码的编写修改与复现。最终通过修改代码可以实现路面裂缝检测。

路面裂缝检测是一个不断发展和创新的领域，它为道路维护和交通安全做出了重要贡献。未来，该领域有望迎来许多发展方向和趋势，包括以下几个关键方面。

① 深度学习和人工智能的应用：随着计算能力的提高和大规模数据集的可用性，深度学习方法在路面裂缝检测中的应用将继续增长。卷积神经网络（CNNs）等深度学习模型可以学习复杂的特征表示，从而提高检测的准确性和鲁棒性。

② 多模态数据融合：将多种数据源（如图像、激光扫描、红外图像等）进行融合可以提供更全面的信息，从而提高裂缝检测的性能。融合多模态数据的技术将成为未来的发展趋势。

③ 自动化和实时监测：自动路面裂缝检测系统将继续发展，实现对道路网络的实时监测和报警。有利于提高维护的效率，减少交通事故风险。

④ 无人机技术的应用：无人机技术已经被广泛用于道路巡检，特别是在偏远地区或难以访问的地方。未来，无人机将融合多种传感器技术，更精确地呈现路面结构，为道路裂缝检测提供高分辨率的影像数据。

随着技术的进步和创新，我们可以期待更准确、高效和可持续的裂缝检测解决方案的出现，以改善道路的安全性和可用性。

第 11 章 基于阈值分割提取眼前节组织

11.1 眼前节组织提取背景

眼前节是眼睛中的一种重要结构，主要作用是通过调节晶状体的形状来聚焦光线，使得人们能够清晰地看到不同距离的物体。对于眼前节组织的提取主要聚焦于上下角膜的边缘检测，具体部分如图11-1所示。

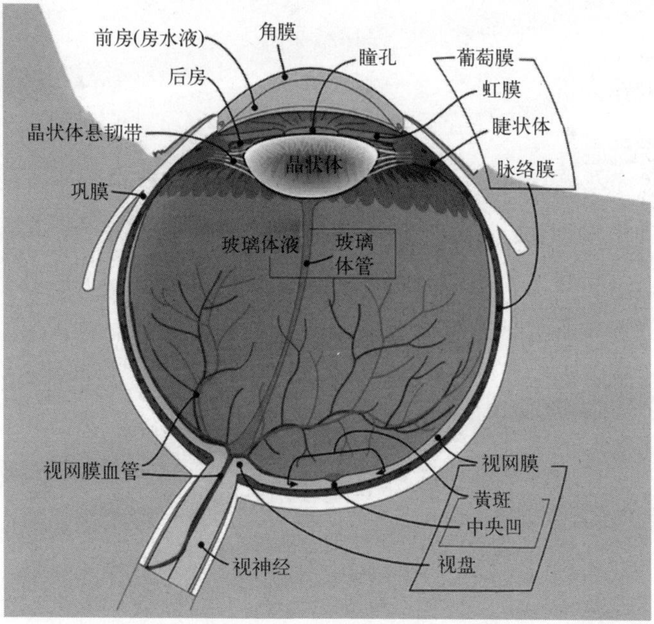

图11-1　眼球结构

数字图像处理技术在眼前节组织提取方面具有重要应用价值，主要体现在图像分割、特征提取和模式识别等方面。通过这种技术，可以实现对眼前节组织的自动分析和识别，为眼科医生提供更准确、快速的诊断辅助。

本章通过与ChatGPT的交互学习，深入探讨基于阈值分割的眼前节组织提取技术，对项目背景、技术原理、操作步骤和源代码等部分详细阐述。通过本章的学习，读者将全面了解基于阈值分割的眼前节组织提取技术，掌握其核心原理和实际操作方法，为相关领域的研究和应用提供有力支撑。

11.2 阈值分割技术原理

阈值分割技术是一种图像处理技术，旨在根据像素的灰度值将图像分割成不同的区域或对象。该技术通过设定一个阈值，将图像中灰度值高于或低于该阈值的像素分配到不同的区域，从而实现图像的分割。这种技术在计算机视觉、医学影像分析、遥感图像处理等领域得到广泛应用，能够帮助实现图像中目标物体的自动识别和分析，为后续的图像处理和分析提供基础。

阈值分割技术的实现过程可以概括为以下几个步骤：直方图分析、阈值分析、像素分类、二值化处理、后处理和结果显示。

（1）直方图分析

直方图分析是对图像中像素灰度值的分布进行统计和分析的过程。在直方图中，横轴表示像素的灰度级别（通常从0到255），纵轴表示对应灰度级别的像素数量或者像素占比。直方图分析可用于了解图像的灰度分布情况，有助于对图像的特性和内容进行定量描述和分析。通过直方图分析，可以获取图像的统计信息，如平均灰度值、灰度级别的分布范围、亮度和对比度等，从而有助于选择合适的图像处理方法和参数。

在阈值分割中，直方图分析常用于确定适当的阈值。通过观察图像的直方图，可以找到合适的阈值，将图像分成两个灰度区域，以实现目标的分割或提取。例如，在双峰直方图中，可以选择两个峰之间的谷底作为阈值，将图像分割成前景和背景。

（2）阈值分析

阈值分析是确定如何选择适当的阈值来进行图像分割的过程。在阈值分割中，通过对图像的像素值进行分析，找到一个合适的阈值，将图像分割成两个或多个不同的区域。阈值分析通常涉及对图像的直方图进行分析，以确定图像中不同区域的像素值分布情况，从而选择合适的阈值进行分割。选择合适的阈值对于图像分割的准确性和效果至关重要，因此阈值分析是图像处理中一个重要的步骤。

（3）像素分类

阈值分割技术是一种常用的图像处理技术，用于将图像中的像素分成不同的类别。在阈值分割中，像素的分类是指根据其灰度值或颜色值将像素分为不同的区域或对象。这种技术通常用于图像中目标对象与背景之间的分割，例如在医学影像学、计算机视觉和遥感图像处理中广泛应用。

在阈值分割中，需要先选择一个阈值，再将图像中的像素根据其灰度值与阈值的关系进行分类。一般来说，如果像素的灰度值大于阈值，则被归为一类；如果灰度值小于阈值，则被归为另一类。这种方法可以将图像中的目标对象与背景进行有效的分离，从而便于后续的图像分析和处理。

像素的分类在阈值分割技术中起着关键作用，它直接影响着分割结果的准确性和效果。因此，在实际应用中，需要根据具体的图像特点和需求来选择合适的分类方法和阈值确定方式，以达到最佳的分割效果。同时，还可以结合其他图像处理技术，如边缘检测、形态学操作等，进一步优化分割结果，提高图像处理的精度和效率。

（4）二值化处理

二值化处理是阈值分割技术中的一种重要方法，其主要目的是将一幅灰度图像转换为二值图像，即将图像中的像素点分为两类：前景和背景。在二值化处理中，首先需要选择一个阈值，然后将图像中的像素点的灰度值与该阈值进行比较，大于阈值的像素点被标记为前景，小于等于阈值的像素点被标记为背景。通过二值化处理，可以将图像中的目标物体与背景进行有效分离，从而方便进行后续的图像分析和处理。常用的二值化方法包括全局阈值法、局部阈值法、自适应阈值法等，不同的方法适用于不同类型的图像和应用场景。二值化处理在数字图像处理领域具有广泛的应用，如字符识别、目标检测、图像分割等领域都离不开二值化处理的技术支持。因此，掌握二值化处理的原理和方法对于图像处理工程师和研究人员来说是非常重要的。

（5）后处理

阈值分割技术是一种常用的图像分割方法，它通过设定一个阈值来将图像分割成不同的区域。在阈值分割技术中，后处理是指在分割完成后对分割结果进行进一步处理以达到更好的效果。后处理的主要目的是去除分割结果中的噪声、填补孔洞、连接断裂的区域以及对分割边界进行平滑处理，从而得到更准确、更连续的分割结果。

常见的后处理方法包括形态学操作、边界平滑、区域合并等。形态学操作可以用来去除小区域中的噪声点，填补孔洞以及连接断裂的区域。边界平滑则可以使得分割结果的边界更加平滑，减少边界的锯齿状现象。区域合并则可以将相邻且相似的区域合并成一个更大的区域，从而减少分割结果中的过多细节。

在实际应用中，后处理是阈值分割技术中不可或缺的一部分，它可以有效地改善分割结果，提高图像分割的准确性和稳定性。因此，在进行阈值分割时，充分考虑后处理方法的选择和参数设置是非常重要的，可以帮助我们获得更加理想的分割效果。

（6）结果显示

在阈值分割技术中，结果显示是指将经过阈值分割处理后得到的二值图像或者分割出的目标区域在屏幕上显示出来，以便进行进一步的分析、可视化或者用于医学诊断等。结果显示是整个阈值分割过程的最后一步，也是非常重要的一步，其目的是将分割结果呈现给用户或者其他系统，以便后续处理或者判断。

具体而言，结果显示通常包括以下几个方面：

① 二值图像显示：如果是对图像进行二值化处理，将生成的二值图像在屏幕上显示出来。在二值图像中，前景区域通常用一个固定的灰度值（如255）表示，背景区域用另一个固定的灰度值（如0）表示。通过显示二值图像，可以直观地查看图像的分割结果。

② 目标区域分割显示：如果对图像进行目标分割，将分割出的目标区域在原始图像上用特定的标记或者颜色进行显示，以突出显示目标区域。通过显示目标区域分割结果，可以直观观察到图像中的目标区域，并进行进一步的分析和处理。

③ 可视化分析：除了直接显示分割结果外，还可以对分割结果进行可视化分析，如显示目标区域的面积、形状、位置等信息，或者通过图表、统计数据等形式对分割结果进行进一步分析和展示。

11.3 眼前节组织的提取步骤

用户：请问基于阈值分割提取眼前节组织主要分为哪几个步骤？

ChatGPT

1. **图像预处理**：
    - **去噪**：使用滤波器（如中值滤波、高斯滤波等）去除图像中的噪声。
    - **增强对比度**：如果图像对比度较低，可以使用直方图均衡化或其他对比度增强方法，确保眼前节组织更加清晰可见。

2. **阈值选择**：

- 选择一个合适的阈值（T），可以通过自动方法（如大津法、Otsu's thresholding）或手动调整来选择。
- 对于灰度图像，阈值分割的基本思路是将像素值高于阈值的部分视为目标区域（眼前节组织），低于阈值的部分视为背景。

3. **二值化处理**：

- 使用所选阈值将图像转化为二值图像（黑白图像）。其中，目标组织部分设为前景（白色），背景设为黑色。

4. **形态学操作**：

- 对分割后的二值图像进行形态学操作（如膨胀、腐蚀、开运算、闭运算等）以去除小噪点、填补空洞，进一步改善分割结果。

5. **区域标记与提取**：

- 对处理后的二值图像进行连通域标记，提取出各个独立的区域。根据区域的大小、形状等特征进行筛选，保留眼前节相关区域。

6. **后处理和分析**：

- 对提取出来的眼前节组织区域进行进一步分析，如面积计算、形态学特征提取等。

这些步骤的具体实现可以根据实际图像的质量和特点进行调整，以达到最佳的分割效果。

11.4 程序实现

11.4.1 图像预处理

用户：请帮我写一段图像预处理的Matlab代码，用于对眼睛的图像进行预处理，为后续的阈值选择做准备。

ChatGPT

```
% 1. 读取眼睛图像
eye_image = imread('eye_image.jpg');

% 2. 显示原始图像
figure;
subplot(1, 3, 1); % 1 行 3 列，第一个子图
imshow(eye_image);
title('原始图像');
```

```
% 3. 将图像转换为灰度图像
gray_eye_image = rgb2gray(eye_image);

% 4. 显示灰度图像
subplot(1, 3, 2); % 1 行 3 列，第二个子图
imshow(gray_eye_image);
title('灰度图像');

% 5. 对灰度图像进行高斯滤波
filtered_eye_image = imgaussfilt(gray_eye_image, 3); % 使用标准差为 3 的高斯滤波

% 6. 显示滤波后的图像
subplot(1, 3, 3); % 1 行 3 列，第三个子图
imshow(filtered_eye_image);
title('高斯滤波后的图像');
```

这段 Matlab 代码用于处理眼睛图像。首先，imread函数读取名为eye_image.jpg的眼睛图像；接着，通过figure创建绘图窗口，subplot划分 1 行 3 列子图，用imshow在第一个子图显示原始图像并以title标注；然后，rgb2gray函数将原始图像转为灰度图像，在第二个子图展示；最后，使用imgaussfilt函数对灰度图像进行标准差为 3 的高斯滤波，在第三个子图显示滤波后的图像并标注。

11.4.2 阈值选择

用户：请以上一个代码为基础，写一段阈值选择的Matlab代码，为后续的二值化处理做准备。

ChatGPT

```
% 1. 计算图像的灰度直方图
[histogram, gray_levels] = imhist(filtered_eye_image);

% 2. 根据直方图选择合适的阈值
threshold = graythresh(filtered_eye_image); % 自动选择一个阈值
disp(['选择的阈值为: ', num2str(threshold)]);

% 3. 使用阈值进行图像分割
binary_eye_image = imbinarize(filtered_eye_image, threshold); % 进行二值化处理

% 4. 显示二值化后的图像
figure;
imshow(binary_eye_image);
title('二值化后的图像');
```

这段 Matlab 代码对经过高斯滤波的眼睛图像进行图像分割处理。首先，imhist函数计算滤波后图像的灰度直方图，得到直方图数据和灰度级；接着，graythresh函数依据直方图自动选取合适阈值，并在命令行显示；然后，利用imbinarize函数，基于所选阈值对滤波后图像进行二值化处理，将图像分割为前景和背景；最后，通过figure创建绘图窗口，imshow显示二值化后的图像并添加标题。

11.4.3 后处理

用户：请帮我基于上一个代码，写一段后处理的Matlab代码。

ChatGPT

```
% 1. 进行后处理
% 使用 imfill 填充二值图像中的孔洞
filled_binary_eye_image = imfill(binary_eye_image, 'holes');

% 使用 bwareaopen 去除小于 100 个像素的区域
cleaned_binary_eye_image = bwareaopen(filled_binary_eye_image, 100);

% 使用 imclose 进行闭运算，连接分离的目标区域
binary_eye_image_processed = imclose(cleaned_binary_eye_image, strel('disk', 5));

% 2. 显示经过后处理的图像
figure;
imshow(binary_eye_image_processed);
title('经过后处理的二值图像');
```

这段 Matlab 代码对二值化后的眼睛图像进行后处理。先用imfill函数填充图像中的孔洞，得到填充后的图像；再通过bwareaopen函数去除像素数小于 100 的区域，进一步清理图像；然后利用imclose函数结合半径为 5 的圆盘形结构元素进行闭运算，连接分离的目标区域，得到处理后的图像。最后，使用figure创建绘图窗口，imshow显示经过后处理的图像并添加标题。

11.4.4 结果显示

用户：请帮我基于上一个代码，写一段添加结果显示的Matlab代码。

ChatGPT

```
% 1. 在原始图像上叠加分割结果
% 使用 imoverlay 函数将分割结果叠加到原始图像上
overlay_image = imoverlay(eye_image, binary_eye_image_processed, [1 0 0]); % 红色叠加分割结果
```

```
% 2. 创建一个 2x2 的子图显示原始图像和处理后的图像
figure;

% 显示原始图像
subplot(2, 2, 1);
imshow(eye_image);
title('原始图像');

% 显示灰度图像
subplot(2, 2, 2);
imshow(gray_eye_image);
title('灰度图像');

% 显示高斯滤波后的图像
subplot(2, 2, 3);
imshow(filtered_eye_image);
title('高斯滤波后的图像');

% 显示叠加分割结果后的图像
subplot(2, 2, 4);
imshow(overlay_image);
title('叠加分割结果后的图像');
```

这段代码在处理完图像预处理、阈值分割和后处理后，添加了在原始图像上叠加分割结果并进行显示的步骤。其中，imoverlay 函数用于在原始图像上叠加分割结果，subplot 函数将图像显示在一个 2×2 的子图中。

11.4.5 封装整合

将上面四个部分的代码进行整合，最终的完整版代码如下：

```
% 1. 读取眼睛图像
eye_image = imread('eye_image.jpg');

% 2. 显示原始图像
figure;
subplot(2, 2, 1); % 2 行 2 列，第一个子图
imshow(eye_image);
title('原始图像');

% 3. 将图像转换为灰度图像
gray_eye_image = rgb2gray(eye_image);

% 4. 显示灰度图像
subplot(2, 2, 2); % 2 行 2 列，第二个子图
imshow(gray_eye_image);
title('灰度图像');

% 5. 对灰度图像进行高斯滤波
filtered_eye_image = imgaussfilt(gray_eye_image, 3); % 使用标准差为 3 的高斯滤波

% 6. 显示滤波后的图像
```

```
subplot(2, 2, 3); % 2 行 2 列，第三个子图
imshow(filtered_eye_image);
title('高斯滤波后的图像');

% 7. 计算图像的灰度直方图
[histogram, gray_levels] = imhist(filtered_eye_image);
% 8. 根据直方图选择合适的阈值
threshold = graythresh(filtered_eye_image); % 自动选择一个阈值
disp(['选择的阈值为: ', num2str(threshold)]);

% 9. 使用阈值进行图像分割
binary_eye_image = imbinarize(filtered_eye_image, threshold); % 进行二值化处理

% 10. 进行后处理
% 使用 imfill 填充二值图像中的孔洞
filled_binary_eye_image = imfill(binary_eye_image, 'holes');

% 使用 bwareaopen 去除小于 100 个像素的区域
cleaned_binary_eye_image = bwareaopen(filled_binary_eye_image, 100);

% 使用 imclose 进行闭运算，连接分离的目标区域
binary_eye_image_processed = imclose(cleaned_binary_eye_image, strel('disk', 5));

% 11. 在原始图像上叠加分割结果
overlay_image = imoverlay(eye_image, binary_eye_image_processed, [1 0 0]); % 红色叠加分割结果

% 12. 创建一个 2x2 的子图显示原始图像和处理后的图像
subplot(2, 2, 4);
imshow(overlay_image);
title('叠加分割结果后的图像');
```

11.5 结果展示

提取结果展示如图 11-2 所示。

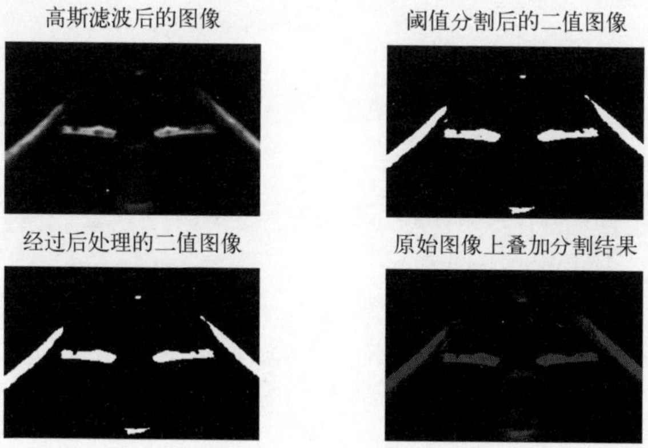

图11-2 提取结果

11.6 小结

本章详细探讨了基于阈值分割技术提取眼前节组织的方法及其在眼科医学中的应用。首先，我们深入介绍了眼前节组织提取技术的应用背景和原理，阐述了眼前节在眼科医学中的重要性，并指出了数字图像处理在眼科研究和诊断中的关键作用。随后，我们逐步介绍了阈值分割技术各个步骤的技术原理，包括直方图分析、阈值选择、二值化处理等，深入探讨了这些步骤在眼前节组织提取中的应用方法和原理机制。

通过与ChatGPT交流，我们获取了各种方法的代码，并进行了调试和优化，确保了提取过程的准确性和稳定性。这些代码包括了图像预处理、阈值分割、后处理等关键步骤的实现，为读者提供了在Matlab等环境下进行眼前节组织提取的具体指南。我们成功得到了眼前节组织的提取结果，并通过结果的展示和分析验证了所采用方法的有效性。

通过本章的学习，读者不仅了解到了基于阈值分割的眼前节组织提取技术的原理和实现方法，还深入探讨了其在眼科医学中的应用前景。这为读者进一步深入研究数字图像处理在眼科医学领域的应用奠定了坚实的基础，同时也为相关领域的学术研究和临床实践提供了重要的参考和指导。

第 12 章

基于机器学习和深度学习的焊缝识别

12.1 焊缝识别背景

焊缝识别是一种基于图像处理和机器学习的技术，它可以自动识别焊接过程中的焊缝位置和质量。随着工业自动化的发展，焊接作为一种重要的连接工艺，对焊缝质量的要求越来越高。传统的焊缝检测方法需要大量的人力和时间成本，而且容易出现误判和漏检的情况。而焊缝识别技术可以通过对焊缝图像进行分析和处理，实现高效、准确、自动化的检测和识别。焊缝识别技术的应用范围非常广泛，包括航空航天、汽车制造、建筑工程、管道制造等领域。在航空航天领域，焊缝识别技术可以应用于飞机发动机部件、太空舱壁等部位的焊接质量检测；在汽车制造领域，焊缝识别技术可以应用于车身焊接、发动机焊接等环节的质量控制；在建筑工程领域，焊缝识别技术可以应用于钢结构、桥梁等焊接构件的质量检测；在管道制造领域，焊缝识别技术可以应用于石油、天然气等行业的管道焊接质量控制。

随着人工智能技术的不断发展，焊缝识别技术也在不断创新和发展。未来，随着深度学习等技术的应用，焊缝识别技术将会更加智能化和自动化，为工业生产带来更大的效益和价值。本章节将对基于机器学习和深度学习的焊缝识别方法进行研究。

12.2 焊缝识别技术原理

焊缝识别技术是一种应用于焊接工艺的自动化检测技术，其原理基于图像处理和模式识别技术。该技术主要通过采集焊接过程中产生的图像数据，对焊缝的形态、尺寸、位置等特征进行分析和处理，以实现焊缝的自动检测和识别。焊缝识别技术的原理包括以下几个方面。

① 图像采集：将焊接过程中产生的图像数据进行采集和处理，以获取焊缝的形态、尺寸、位置等信息。

② 图像预处理：对采集到的图像数据进行预处理，包括去噪、滤波、灰度化、二值化等操作，以提高图像质量和减少干扰。

③ 特征提取：通过对预处理后的图像数据进行特征分析，提取焊缝的形态、纹理、边缘等特征信息，以进行后续的模式识别和分类。

④ 特征选择：在提取到的特征中，可能存在一些冗余或不相关的特征。特

征选择的目的是从所有特征中选择最具代表性和区分度的特征子集，以减少维度和提高分类性能。

⑤ 模型构建与训练：在特征选择后，使用已标记的焊缝数据进行模型的构建和训练。这可以是传统的机器学习算法，如支持向量机（SVM），也可以是深度学习算法，如卷积神经网络（CNN）。

12.2.1 支持向量机

支持向量机（support vector machine，SVM）是一种非常流行的监督学习算法，用于解决二分类和多分类问题。它的原理基于统计学习理论和结构风险最小化的概念，可以在样本空间中构建一个最优超平面或者非线性决策边界，用于有效地划分不同类别的样本。下面是支持向量机的基本原理，如图12-1所示。

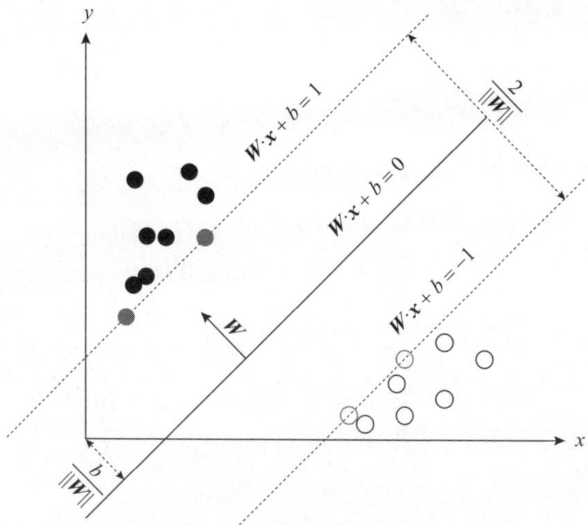

图12-1 SVM原理示意图

① 线性可分支持向量机：设训练集为$\{\boldsymbol{x}_i, y_i\}$，其中$\boldsymbol{x}_i$是样本的特征向量，$y_i$是对应的类别标签（$y_i$为1或−1）。线性可分支持向量机的目标是找到一个超平面，使得类别间的间隔（即样本到超平面的最小距离）最大化。这个超平面可以通过以下优化问题求解：

$$\max \boldsymbol{W}, b, \xi$$

$$\text{subject to } y_i\left(\boldsymbol{W}\cdot\boldsymbol{x}_i + b\right) \geqslant 1 - \xi_i, \forall i$$

$$\xi_i \geqslant 0, \forall i$$

其中，$\boldsymbol{W}$是超平面的法向量；b是超平面的截距；ξ_i是松弛变量，用于允许一些样本分类错误。

② 软间隔支持向量机：如果训练集不是完全线性可分的，就需要引入松弛变量ξ_i来容忍一些分类错误。这时，优化问题变为：

$$\min \boldsymbol{W}, b, \xi, \xi^*$$

$$\text{subject to } y_i\left(\boldsymbol{W} \cdot \boldsymbol{x}_i + b\right) \geqslant 1 - \xi_i, \forall i$$

$$\xi_i, \xi^*_i \geqslant 0, \forall i$$

$$\xi_i + \xi^*_i \leqslant C, \forall i$$

其中，C是一个正则化参数，控制了对分类错误的容忍程度。当C较大时，模型允许更多的分类错误；当C较小时，模型更加严格。

③ 核函数：当数据集不是线性可分时，可以使用核函数将数据从原始空间映射到一个更高维的特征空间，在这个特征空间中构建分离超平面。常用的核函数有线性核、多项式核和径向基函数（RBF）核等。

④ 支持向量：支持向量是离决策边界最近的训练样本点，它们对超平面的确定起到了重要作用。只有支持向量才会对超平面的位置产生影响，因此，支持向量机模型相对于其他样本是具有稀疏性的。

⑤ 决策函数：当训练完成后，支持向量机通过计算测试样本点到超平面的距离来预测样本的类别。决策函数的形式为：$f(x) = \text{sign}(\boldsymbol{W} \cdot \boldsymbol{x} + b)$，其中sign()是符号函数，根据结果的正负来对样本进行分类。

支持向量机具有良好的泛化能力，并且能够处理高维数据和非线性分类问题。它在许多应用领域都表现出色，如图像识别、文本分类、生物信息学等。通过选择适当的核函数和优化参数，支持向量机可以灵活地应对不同类型的数据集和任务。

12.2.2 卷积神经网络

卷积神经网络（convolutional neural network，CNN）是一种深度学习模型，专门用于图像识别、计算机视觉等任务。它通过引入卷积层、池化层和全连接层等组件，在输入数据上进行多层的卷积和池化操作，最终输出分类结果。下面是卷积神经网络的基本原理。

① 输入数据：卷积神经网络的输入通常是图片或其他形式的二维数据（例如声音信号）。图片通常表示为一个三维数组，包含高度、宽度和通道数。例如，彩色图片的通道数为3（红、绿、蓝RGB），灰度图片的通道数为1。

② 卷积层：卷积层是卷积神经网络的核心组件。在卷积层中，使用一个或多个可学习的过滤器（也称为卷积核）对输入数据进行卷积操作。每个过滤器通过滑动窗口的方式在输入数据上进行卷积运算，生成一个特征图（也称为卷积特征）。特征图的每个元素表示了在输入数据中对应位置的局部特征。

③ 激活函数：在卷积层的每个卷积运算后，通常会应用一个非线性激活函数（如ReLU）来引入非线性性质。激活函数对特征图进行逐元素的非线性变换，增加网络的表达能力。

④ 池化层：池化层用于减小特征图的空间尺寸，减少参数数量，并具有一定程度的平移不变性。常见的池化操作是最大池化，它通过在每个池化窗口中选择最大值来提取主要特征。

⑤ 全连接层：在卷积层和池化层之后，通常会添加一个或多个全连接层。全连接层将之前的卷积特征图展平成一个向量，并通过矩阵乘法和非线性变换计算输出结果。最后一个全连接层通常使用 softmax 函数将输出转化为每个类别的概率分布。

⑥ 损失函数与优化：卷积神经网络的训练过程使用反向传播算法进行参数优化。损失函数衡量模型输出与真实标签之间的差异，并通过反向传播计算梯度，然后使用优化算法（如随机梯度下降）来更新网络的权重，使得损失函数尽可能减小。

⑦ 深度和参数共享：卷积神经网络具有深度结构，由多个卷积层和全连接层组成。深度结构可以捕捉不同层次的图像特征，从低级到高级的特征抽象。此外，卷积神经网络中的参数共享机制使得模型的参数数量相对较少，节省了内存和计算资源。

卷积神经网络在图像识别、目标检测、图像分割等领域取得了巨大成功，并成为深度学习的重要模型。其原理的核心是通过卷积和池化等操作来提取图像中的局部特征，并通过多层神经网络进行特征抽象和分类。

12.3 焊缝识别步骤

12.3.1 机器学习方法

用户：基于机器学习的焊缝识别的步骤有哪些？

ChatGPT：基于机器学习的焊缝识别通常涉及多个步骤，以下是一般步骤的概述。

1. **数据收集与预处理**：
   - 收集带有焊缝的图像，并进行标注。
   - 图像预处理：去噪、灰度化、归一化等。
2. **特征提取**：
   - 使用传统方法提取特征，如HOG、LBP、SIFT等。
3. **训练分类器**：
   - 使用支持向量机（SVM）、随机森林等算法进行训练。
4. **模型评估与验证**：
   - 评估模型的准确率、精度、召回率等。
5. **后处理**：
   - 使用边界框或分割结果定位焊缝区域。
6. **模型优化**：
   - 调整超参数、优化特征提取方法等。
7. **部署与应用**：
   - 将训练好的模型部署到实际环境中进行实时焊缝检测。

12.3.2 深度学习方法

用户：基于深度学习的焊缝识别的步骤有哪些？

ChatGPT：基于深度学习的焊缝识别通常涉及以下步骤。

1. **数据收集与预处理**：
   - 收集焊缝图像并标注（位置或分割）。
   - 图像预处理：去噪、归一化、数据增强。
2. **模型选择与构建**：
   - 使用卷积神经网络（CNN）、U-Net（分割任务）、YOLO/Faster R-CNN（目标检测）等网络架构。

3. **模型训练**：

 - 使用交叉熵损失或Dice系数损失等。
 - 选择合适的优化器（如Adam），并进行超参数调优。

4. **模型评估与验证**：

 - 使用准确率、精度、召回率、IoU等指标评估模型。
 - 在验证集上调整，避免过拟合。

5. **后处理**：

 - 对目标检测结果使用非极大抑制（NMS）消除冗余框。
 - 对图像分割结果进行平滑和去噪。

6. **模型优化与调优**：

 - 调整超参数、增强数据、采用迁移学习等提升性能。

7. **部署与应用**：

 - 将模型部署到生产环境中，实现实时焊缝识别。

从上述ChatGPT的两个回答可以看出，机器学习和深度学习两种方法在完成焊缝识别任务的步骤大致相似，具体不同主要在构建模型和模型训练这两步。

12.4 程序实现

12.4.1 机器学习代码

用户：请帮我生成一段用机器学习方法实现焊缝识别任务的代码，用Matlab编写。

ChatGPT

```
% 假设已经有数据集 welding_data 和 welding_labels
% welding_data 是一个包含图像特征的数据矩阵（每行是一个样本，每列是一个特征）
% welding_labels 是一个包含每个图像标签的向量，1代表焊缝，0代表非焊缝

% 1. 数据准备（假设数据已经加载到变量 welding_data 和 welding_labels）
% welding_data = ...  % 这里加载数据集
% welding_labels = ...  % 这里加载标签

% 2. 数据预处理：例如归一化
% 假设每个样本的特征值在0-255范围内，需要归一化到[0, 1]
welding_data = double(welding_data) / 255;

% 3. 数据标签和划分：划分为训练集和测试集（5折交叉验证）
cv = cvpartition(length(welding_labels), 'KFold', 5);

```

```
accuracy = zeros(cv.NumTestSets, 1);

for i = 1:cv.NumTestSets
    % 划分训练集和测试集
    trainIdx = cv.training(i);  % 训练集索引
    testIdx = cv.test(i);  % 测试集索引

    % 训练集数据
    X_train = welding_data(trainIdx, :);
    Y_train = welding_labels(trainIdx);

    % 测试集数据
    X_test = welding_data(testIdx, :);
    Y_test = welding_labels(testIdx);

    % 4. 特征提取和模型训练：使用支持向量机（SVM）训练模型
    % 这里假设图像的特征已经通过某种方式提取（如HOG或其他特征提取方法）
    % 使用 SVM 训练模型
    svmModel = fitcsvm(X_train, Y_train, 'KernelFunction', 'linear', 'Standardize', true);

    % 5. 模型评估：在测试集上评估模型
    Y_pred = predict(svmModel, X_test);

    % 计算准确率
    accuracy(i) = sum(Y_pred == Y_test) / length(Y_test);

    % 你也可以计算更多的评估指标，如混淆矩阵、精确度、召回率等
    % confMat = confusionmat(Y_test, Y_pred);
    % disp('Confusion Matrix:');
    % disp(confMat);
end
```

这个代码示例的主要步骤如下：

① 数据准备：代码开始时，假设有一个包含图像数据的数据集（'welding_data'）和相应标签（'welding_labels'）。实际应用中，这些数据应该是实际采集到的焊缝图像和相应的标签。

② 数据预处理：在实际应用中，可能需要添加更多的图像预处理步骤，例如调整亮度、归一化、去噪等，以确保数据质量。

③ 数据标签和划分：数据被标记为训练集和测试集。这里使用了5折交叉验证，训练集占4折，测试集占1折。这有助于评估模型在不同数据集上的泛化能力。

④ 特征提取和模型训练：使用支持向量机（SVM）作为示例模型。在实际应用中，你可能需要选择更适合问题的模型，也可能需要进行特征工程，以提取有用的图像特征。在这个简单的示例中，特征提取是通过SVM模型自动完成的。

⑤ 模型评估：使用测试集对训练好的模型进行评估。这里计算了准确性（accuracy），即模型正确分类的样本数与总样本数之比。在实际应用中，你可能还需要考虑其他评估指标，如混淆矩阵、精确度、召回率等。

⑥ 改进和优化：代码中没有明确的改进步骤，但在实际应用中，你可能需要对模型进行调优和改进。这可能包括调整模型参数、增加训练数据、使用更复杂的模型等。

⑦ 深度学习：代码使用了传统的机器学习方法（SVM），在处理复杂图像任务时，深度学习方法如卷积神经网络（CNN）可能更为有效。在实际应用中，你可能需要考虑使用深度学习模型，尤其是对于焊缝这样的图像识别任务。

这个代码从数据准备、预处理、数据标签和划分开始，使用支持向量机（SVM）作为示例模型进行训练和评估。实际应用中可能需要更多的数据处理、特征工程和模型调优步骤，而对于复杂的图像任务，深度学习模型可能更为适用。

12.4.2 深度学习代码

用户：请帮我生成一段用深度学习方法实现焊缝识别任务的代码，用Matlab编写。

ChatGPT

```
% 步骤1：数据准备
% 假设你有一个包含图像数据的数据集，以及相应的标签
% 这里使用的是示例数据，实际应用中可能需要替换为真实数据

% 加载示例图像数据
load('welding_data.mat');  % welding_data 是图像数据，welding_labels 是标签数据

% 步骤2：数据标注和划分
labels = welding_labels;  % 替换为实际的标签数据

% 将数据集划分为训练集和测试集
rng(1);  % 用于产生可重复的随机数
indices = crossvalind('Kfold', labels, 5);  % 5折交叉验证
trainIdx = (indices <= 4);  % 训练集
testIdx = ~trainIdx;  % 测试集

% 获取训练集和测试集
trainData = welding_data(trainIdx, :);
testData = welding_data(testIdx, :);
trainLabels = labels(trainIdx);
```

```
testLabels = labels(testIdx);

% 步骤3：构建卷积神经网络 (CNN)
layers = [
    imageInputLayer([size(trainData, 1) size(trainData, 2) 3])  % 输入层
    convolution2dLayer(3, 16, 'Padding', 'same')  % 卷积层1
    reluLayer()  % 激活函数
    maxPooling2dLayer(2, 'Stride', 2)  % 最大池化层
    convolution2dLayer(3, 32, 'Padding', 'same')  % 卷积层2
    reluLayer()  % 激活函数
    fullyConnectedLayer(2)  % 全连接层
    softmaxLayer()  % softmax层
    classificationLayer()  % 分类层
];

% 步骤4：设置训练选项并训练模型
options = trainingOptions('sgdm', ...
    'MaxEpochs', 10, ...
    'MiniBatchSize', 32, ...
    'Shuffle', 'every-epoch', ...
    'Verbose', true, ...
    'Plots', 'training-progress');

% 训练网络
net = trainNetwork(trainData, categorical(trainLabels), layers, options);

% 步骤5：模型评估
predictions = classify(net, testData);  % 预测测试集的标签

% 计算准确性
accuracy = sum(predictions == categorical(testLabels)) / numel(testLabels);
disp(['准确率：', num2str(accuracy)]);

```

这个代码示例的主要步骤如下。

① 数据准备和预处理：示例中使用了一个假设的数据集[使用'load('welding_data.mat')']。在实际应用中，我们需要替换为实际焊缝图像数据。数据预处理步骤应该根据具体情况包括亮度调整、归一化、去噪等操作，以确保模型的训练和推理效果良好。

② 数据标签和划分：真实数据集应包含焊缝图像和相应的标签，用于监督学习。示例中是使用简单的交叉验证方法进行数据集的划分。

③ 卷积神经网络（CNN）构建：代码中使用了简单的CNN结构，包括卷积层、池化层和全连接层。在实际应用中，我们可能需要更复杂的网络结构，具体根据数据的复杂性和任务的要求而定。网络最后一层是分类层，使用softmax激活函数进行多类别分类。

④ 训练选项和模型训练：使用'trainingOptions'设置训练选项，选择随机梯度下降（"sgdm"）作为优化器，并设置最大迭代次数、批次大小等参数。使用'trainNetwork'函数对模型进行训练。

⑤ 模型评估：使用测试集对训练完成的模型进行评估。通过'classify'函数进行预测，计算准确性并输出。实际应用中，可能需要更多的评估指标，如混淆矩阵、精确度、召回率等。

这段Matlab代码展示了一个简化的深度学习焊缝识别任务实现，包括数据准备、卷积神经网络（CNN）的构建、训练和模型评估步骤。通过加载数据、预处理、构建简单CNN结构、设置训练选项和进行模型训练，最后通过测试集评估模型性能。

12.5 结果展示

焊缝原图：图12-2。

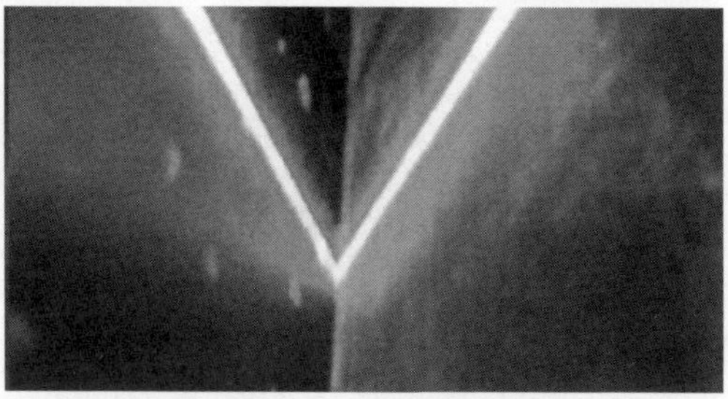

图12-2 焊缝原图

均值滤波后：图12-3。

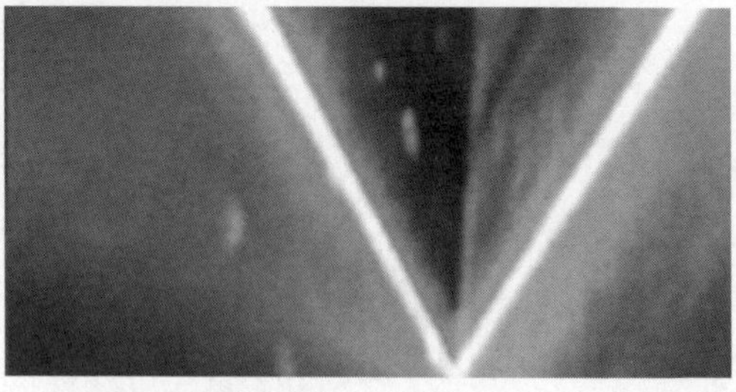

图12-3 均值滤波后

图像二值化：图12-4。

图12-4 图像二值化

LOG边缘检测：图12-5。

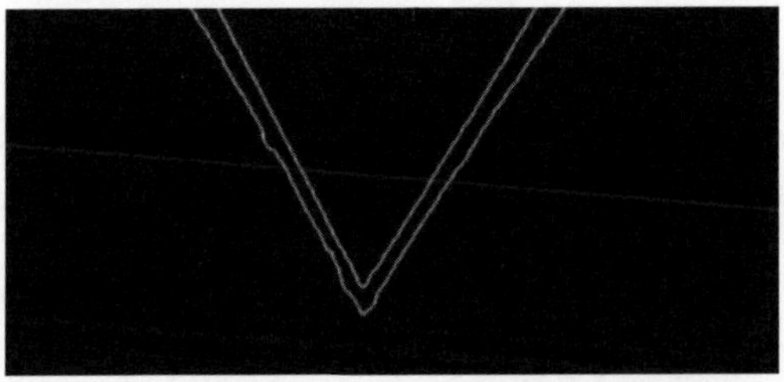

图12-5 LOG边缘检测

12.6 小结

随着工业化的不断发展，焊接技术在各个领域中得到了广泛应用。而焊缝识别技术作为焊接技术中的重要组成部分，其未来发展前景十分广阔。随着人工智能、机器学习等技术的不断发展，焊缝识别技术将会更加智能化、精准化和高效化。未来的焊缝识别技术将会具备更高的自动化程度，能够实现对焊缝的全自动检测和识别。同时，随着无人化生产的逐渐普及，焊缝识别技术也将得到更广泛的应用。未来焊缝识别技术的发展方向会是多方面的，包括算法优化、传感器技术改进、数据处理和分析等方面的提升。总而言之，未来焊缝识别技术将在自动化、智能化、高效化等方面得到更大的突破和发展。

本章阐述了焊缝识别技术的应用背景和原理，分别介绍了机器学习和深度学习识别方法的技术原理，并通过与ChatGPT的交流获取两种方法的代码，最后通过调试得到了识别结果。

第 13 章

基于图像处理和深度学习的食品包装缺陷识别

13.1 食品包装缺陷识别背景

真空包装作为预制食品的主要包装方式，既能保护和储存食品，又能保障运输过程中的安全和便利。然而，食品包装受到生产工艺、设备、材料等因素的制约，在生产过程中可能出现气泡、胀袋、褶皱、漏液等缺陷。这些缺陷不仅影响食品包装的美观和功能，还可能导致食品变质的安全隐患，给消费者带来健康和经济损失。因此，对食品包装进行有效的缺陷检测，及时发现并剔除不合格的产品，是保证食品质量和安全的重要手段。

传统的食品包装检测通常依赖于人工目视检查，这种方式费时费力且容易出错。而且，由于人为因素和主观判断的存在，其准确性和一致性也无法保证。因此，采用食品包装缺陷识别技术，可以快速准确地识别食品包装上的缺陷，保障产品质量。食品包装缺陷识别技术指利用计算机视觉和图像处理技术，对食品包装表面进行检测和分析，以识别其中可能存在的各种缺陷或异常情况。该技术主要通过采集包装过程中产生的图像数据，对缺陷的特征进行比较和分析，最终自动识别缺陷。

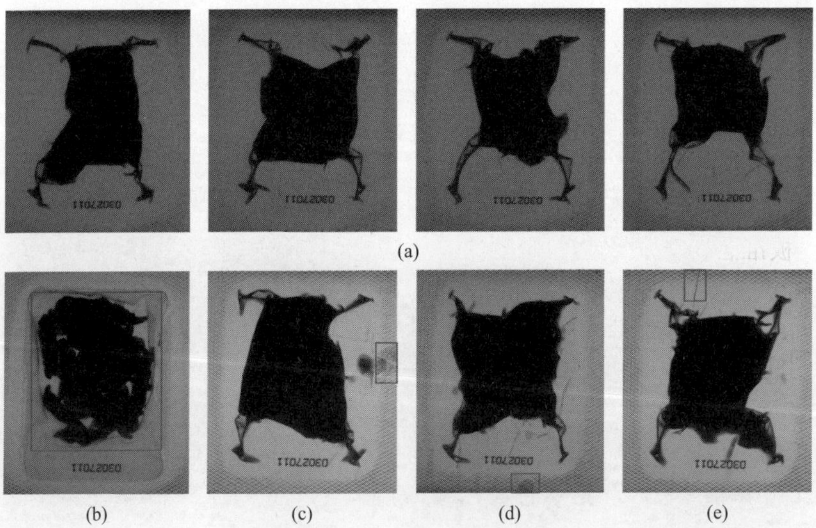

图13-1 食品包装样本图像

通常，真空包装样本图像包含两个部分，分别是食品部分和塑封部分，如图13-1(a)所示。随着自动化技术的日渐成熟，食品的外包装生产与印刷也趋于自动化，然而加工环境、生产设备、加工工艺等因素不可避免地造成了包装过程中各式各样的缺陷。例如，在对食品进行塑封时，高温产生的水蒸气、空气、食品汤汁等杂质的混入就会产生漏液、气泡、褶皱等缺陷，如图13-1(c) ～ (e)所示，图中线框内即为缺陷。这类缺陷通常出现在塑封区域。而由于密封不严产生的胀袋缺陷出现在食品区域，如图13-1(b)所示。这些缺陷产品在运输和销售过程中，受到外力作用容易损坏，使外界空气进入包装内部，导致细菌滋生，产生安全隐患。

13.2 基于图像处理的食品包装缺陷识别

13.2.1 图像处理方法原理

基于数字图像处理的检测方法是一种传统的机器视觉食品包装缺陷检测方法，其基本思路是对食品外包装图像进行数字图像处理,提取缺陷信息，并通过一定的算法对缺陷进行识别和分类，常用的图像处理方法有二值化处理、边缘检测、模板匹配等。

模板匹配（template matching）是数字图像处理中最具代表性的方法之一，这种技术通过将模板与输入图像的不同位置进行比较，计算它们之间的相似度或相关性，并找到最佳匹配位置。通常要事先建立好标准模板库，它从待识别图像中提取若干特征向量与模板对应的特征向量进行比较，计算图像与模板特征向量之间的距离，用最小距离法判定所属类别。模板匹配技术的原理包括以下几个方面。

模板准备：为了识别特定的缺陷类型，需要准备好一系列模板图像，这些模板图像代表了各种可能的缺陷情况，比如破损、污渍、变形等。这些模板可以是人工制作的，也可以通过自动化方法生成。

图像获取：从摄像头或传感器中获取食品包装的图像。

预处理：对输入图像进行预处理，以提高匹配的准确性。预处理步骤可能包括去除噪声、调整亮度和对比度等。

模板匹配：将预处理后的输入图像与预定义的模板进行匹配。这可以通过不同的方法实现，如平移、旋转、缩放等变换下的模板匹配，或者使用相关性匹配等技术。

匹配度评估：对每个模板进行匹配后，需要评估匹配度。这通常涉及计算输入图像和模板之间的相似度或相关性指标。匹配度高的模板与输入图像的区域被认为是缺陷所在的位置。

缺陷定位和识别：根据匹配度高的模板，确定输入图像中可能存在的缺陷位置。通过对匹配的模板进行解析和分析，可以确定缺陷的类型和严重程度。

13.2.2 图像处理步骤

用户：基于模板匹配的食品包装缺陷检测的步骤有哪些？

ChatGPT

1. **采集样本图像**：首先，需采集一系列正常的食品包装图像作为样本。这些图像应该包括不同形状、大小、颜色和纹理的包装。
2. **选择样本**：在样本图像中选择代表正常包装的模板图像。这个模板图像是一个典型的、无缺陷的食品包装图像，可以是某种平坦包装或袋装食品的一部分。
3. **预处理**：对采集到的图像进行预处理，以便与后续的匹配配对。这可能包括图像的灰度化、降噪、平滑处理、边缘检测等，以提高模板匹配的准确性。
4. **模板匹配**：使用选择的模板图像对预处理后的图像进行匹配。常见的模板匹配算法包括基于平移、旋转、尺度匹配等。通过这一步骤，系统会提取图像信息并计算它们之间的相似度得分。
5. **设阈值判断**：根据相似度得分，设定一个阈值来判断是否存在缺陷。如果得分低于阈值，则可以认为检测到食品包装的缺陷。
6. **缺陷定位与分类**：使用本地化算法，需要对图像进行进一步精确地描述。通过这一步可以进行更细致的区域划分，同时，需要对不同类型的缺陷进行分类，以便进行后续的理性分析。
7. **结果输出**：最后，将检测到的缺陷信息和类型输出到界面或者报告中，以供操作人员进行进一步的处理和决策。

这些步骤通常都基于模板匹配和食品包装图像的深度分析，适用于食品包装生产线中的自动检测。在实际应用中，可能会根据具体情况对这些步骤进行调整和优化。

13.2.3 图像处理代码

用户：请帮我生成一段用模板匹配方法实现食品包装缺陷识别任务的代码，用Python编写。

ChatGPT

```
import cv2
import numpy as np

# 1. 读取原始图像和模板图像
image_path = 'path_to_your_image.jpg'  # 替换为实际图像路径
template_path = 'path_to_template.jpg'  # 替换为模板图像路径

```

```
# 读取图像和模板
img = cv2.imread(image_path)
template = cv2.imread(template_path)

# 2. 使用 cv2.cvtColor() 图像转换为灰度图
img_gray = cv2.cvtColor(img, cv2.COLOR_BGR2GRAY)
template_gray = cv2.cvtColor(template, cv2.COLOR_BGR2GRAY)

# 3. 设置匹配阈值
threshold = 0.8

# 4. 使用 cv2.matchTemplate() 函数进行模板匹配
result = cv2.matchTemplate(img_gray, template_gray, cv2.TM_CCOEFF_NORMED)

# 5. 获取匹配结果并根据阈值进行筛选
locations = np.where(result >= threshold)  # 查找所有大于阈值的匹配位置

# 6. 记录并在原图中绘制矩形框标记匹配位置
for pt in zip(*locations[::-1]):  # 获取匹配位置的坐标
    cv2.rectangle(img, pt, (pt[0] + template.shape[1], pt[1] + template.shape[0]), (0, 255, 0), 2)

# 7. 显示模板匹配结果
cv2.imshow('Matched Result', img)
cv2.waitKey(0)
cv2.destroyAllWindows()
```

此代码示例的主要流程步骤如图13-2所示。

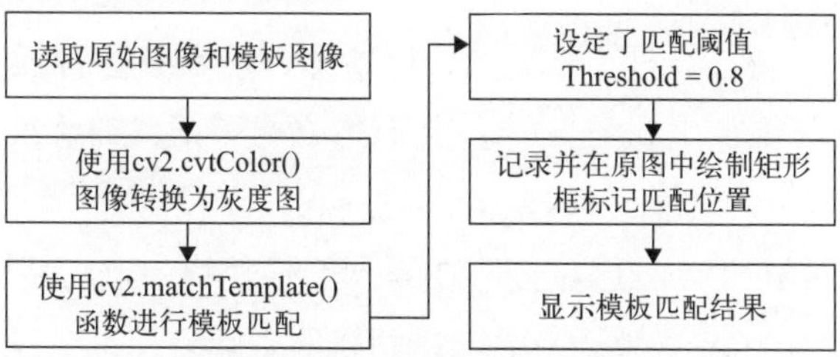

图13-2　模板匹配代码流程图

13.2.4　结果展示

图像处理结果如图13-3所示，包括正常样本，有缺陷的样本和使用模板匹配方法成功检测到了缺陷，方框即为识别到的缺陷。

图13-3　图像处理结果展示

13.3 基于深度学习的食品包装缺陷识别

13.3.1 深度学习方法原理

传统机器视觉算法通常需要多种算法进行组合使用才能实现检测模型的最优化。在实际应用中对图像识别算法的设计人员要求很高，尤其是在复杂背景条件下，传统机器视觉算法难以满足生产流水线的检测准确率要求。相比之下，深度学习是一种模仿人脑神经网络结构和功能的机器学习方法，它能够从大量数据中自动学习特征表示和分类规则，具有强大的表达能力和泛化能力。基于深度学习的食品包装缺陷检测方法能够有效地提取食品包装图像中的缺陷特征，并实现高精度、高效率、高稳定性和高适应性的缺陷识别和定位。

ResNet18是深度残差网络的一个具体实现。它是ResNet系列中的一种轻量级网络，由18个卷积层和若干个全连接层组成。ResNet18采用了残差连接的结构，在传统的卷积神经网络基础上引入了跳跃连接，使得网络可以更有效地训练非常深的模型，同时减少了梯度消失和梯度爆炸的问题。ResNet18具有较强的特征学习能力，适用于图像分类、目标检测、语义分割等任务，并且在许多图像识别竞赛中取得了优异的性能。由于其结构简单、训练效果好，ResNet18成了深度学习领域常用的基准模型之一，被广泛应用于各种场景中。

ResNet18包含18个卷积层，分布在不同的残差块中。它使用3×3的卷积核，并在每个卷积后使用ReLU激活函数。在网络的末端，使用全局平均池化层来减少参数数量，并减少过拟合的风险。最后，网络包含一个全连接层，用于将特征映射到分类任务的输出空间。ResNet18网络结构如图13-4所示。

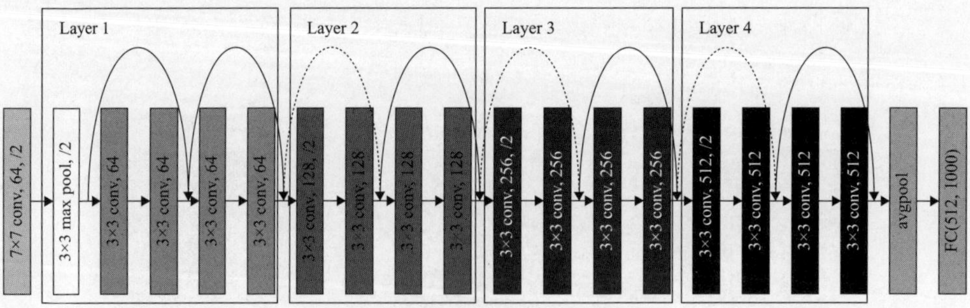

图13-4 ResNet18网络结构

ResNet18的原理包括：

① 残差学习：ResNet18的核心思想是残差学习。在传统的深度网络中，随着层数的增加，网络容易出现退化问题，即更深的网络性能反而下降。ResNet通过引入残差块来允许梯度直接流过一些层，从而解决了这个问题。

② 残差块：每个残差块包含两个卷积层和一个跳跃连接（shortcut connection），这个跳跃连接可以将输入直接连接到输出，使得网络可以学习到输入与输出的差异。

③ 恒等映射：在残差块中，如果输入和输出的维度相同，跳跃连接会直接将输入加到输出上。如果维度不同，跳跃连接会通过一个线性投影来匹配维度。

13.3.2 深度学习步骤

用户：基于深度学习的食品包装缺陷识别的步骤有哪些？

ChatGPT

1. **数据收集与标注**：收集包含食品包装的图像并进行缺陷标注，确保涵盖各种缺陷类型。数据标注可采用边界框或像素级分割等方式。
2. **数据预处理**：将图像归一化并调整为统一大小，使用数据增强技术增加样本多样性，减少过拟合。
3. **数据划分**：将数据集划分为训练集、验证集和测试集，确保每部分数据的代表性和独立性。
4. **模型选择与构建**：根据任务需要选择合适的深度学习模型，如CNN、YOLO或U-Net，设计网络结构。
5. **模型训练**：使用合适的损失函数和优化器训练模型，调整学习率、批次大小等超参数，优化模型性能。
6. **模型评估**：通过准确率、精度、召回率等指标评估模型表现，确保模型能够有效识别缺陷。
7. **后处理**：在目标检测中使用非极大抑制（NMS）去除冗余框，分割任务中进行边缘平滑和噪声去除。
8. **模型优化**：通过迁移学习加速训练过程，并进行模型剪枝、量化等优化，提高推理效率。
9. **部署与应用**：将训练好的模型部署到生产线进行实时检测，提升缺陷识别效率。
10. **持续学习与更新**：定期更新模型以适应新的缺陷类型和生产环境变化，保持高效检测性能。

13.3.3 深度学习代码

用户：请帮我生成一段用ResNet18模型实现食品包装缺陷识别任务的代码，基于Pytorch框架，用Python编写。

ChatGPT

```
import torch
import torch.nn as nn
import torchvision.transforms as transforms
import torchvision.models as models
from torch.utils.data import DataLoader, Dataset
from PIL import Image
import os
import matplotlib.pyplot as plt

# 定义食品包装缺陷数据集类
class FoodPackagingDataset(Dataset):
    def __init__(self, data_dir, transform=None):
        self.data_dir = data_dir
        self.transform = transform
        self.image_list = os.listdir(data_dir)

    def __len__(self):
        return len(self.image_list)

    def __getitem__(self, idx):
        img_name = os.path.join(self.data_dir, self.image_list[idx])
        image = Image.open(img_name)
        if self.transform:
            image = self.transform(image)
        # 从文件名中获取标签，假设文件名中包含"defect"表示缺陷
        label = 1 if 'defect' in self.image_list[idx] else 0
        return image, label

# 定义预处理转换
transform = transforms.Compose([
    transforms.Resize((224, 224)),
    transforms.ToTensor(),
    transforms.Normalize(mean=[0.485, 0.456, 0.406], std=[0.229, 0.224, 0.225])
])

# 定义数据集路径
train_data_dir = r"dataset_GPT/train/"
test_data_dir = r"dataset_GPT/test/"

# 创建数据集
train_dataset = FoodPackagingDataset(data_dir=train_data_dir, transform=transform)
test_dataset = FoodPackagingDataset(data_dir=test_data_dir, transform=transform)

# 创建数据加载器
train_loader = DataLoader(dataset=train_dataset, batch_size=32, shuffle=True)
test_loader = DataLoader(dataset=test_dataset, batch_size=32, shuffle=False)

for epoch in range(num_epochs):
    model.train()
    running_train_loss = 0.0
    correct_train = 0
    total_train = 0

```

```python
    for images, labels in train_loader:
        images = images.to(device)
        labels = labels.to(device)
        optimizer.zero_grad()
        outputs = model(images)
        loss = criterion(outputs, labels)
        loss.backward()
        optimizer.step()

        running_train_loss += loss.item()
        _, predicted = torch.max(outputs.data, 1)
        total_train += labels.size(0)
        correct_train += (predicted == labels).sum().item()

    train_loss_list.append(running_train_loss / len(train_loader))
    train_accuracy_list.append(correct_train / total_train)

    # 测试模型
    model.eval()
    running_test_loss = 0.0
    correct_test = 0
    total_test = 0
    with torch.no_grad():
        for images, labels in test_loader:
            images = images.to(device)
            labels = labels.to(device)
            outputs = model(images)
            loss = criterion(outputs, labels)

            running_test_loss += loss.item()
            _, predicted = torch.max(outputs.data, 1)
            total_test += labels.size(0)
            correct_test += (predicted == labels).sum().item()

    test_loss_list.append(running_test_loss / len(test_loader))
    test_accuracy_list.append(correct_test / total_test)

    print(
    f"Epoch [{epoch+1}/{num_epochs}], Train Loss: {train_loss_list[-1]}, "
    f"Test Loss: {test_loss_list[-1]}, Train Accuracy: {train_accuracy_list[-1]}, "
    f"Test Accuracy: {test_accuracy_list[-1]}"
    )


# 绘制训练曲线
plt.figure(figsize=(10, 5))
plt.subplot(1, 2, 1)
plt.plot(range(1, num_epochs + 1), train_loss_list, label='Train Loss')
plt.plot(range(1, num_epochs + 1), test_loss_list, label='Test Loss')
plt.xlabel('Epoch')
plt.ylabel('Loss')
plt.title('Training and Test Loss')
```

```
plt.legend()

plt.subplot(1, 2, 2)
plt.plot(range(1, num_epochs + 1), train_accuracy_list, label='Train Accuracy')
plt.plot(range(1, num_epochs + 1), test_accuracy_list, label='Test Accuracy')
plt.xlabel('Epoch')
plt.ylabel('Accuracy')
plt.title('Training and Test Accuracy')
plt.legend()

plt.show()

# 保存模型参数
torch.save(model.state_dict(), 'packaging_defect_detection_model.pth')

```

① 代码首先定义了一个食品包装缺陷识别的数据集类，然后定义了预处理转换，将图像大小调整为224×224像素。

② 创建了训练和测试数据集。接着定义了一个基于预训练的ResNet18模型的食品包装分类器，并初始化了模型，使用交叉熵损失作为分类任务的损失函数以及采用Adam优化器进行模型参数的优化，设置学习率为0.001。

③ 模型在训练集上进行训练，并在每个epoch结束时打印训练数据。最后，在测试集上评估模型的准确率，并绘制训练结果曲线，然后将训练好的模型保存到文件中。

13.3.4 结果展示

基于深度学习方法的结果如图13-5所示，每个训练的epoch输出Loss和精度，并且最终得到深度学习方法Loss曲线和精度曲线，测试精度为87.27%，如图13-6所示。

```
Epoch [43/50], Train Loss: 0.00011449995716767652, Train Accuracy: 1.0, Test Loss: 0.5622583329677582, Test Accuracy: 0.8363636363636363
Epoch [44/50], Train Loss: 0.00017581615065864753, Train Accuracy: 1.0, Test Loss: 0.5605600923299789, Test Accuracy: 0.8363636363636363
Epoch [45/50], Train Loss: 0.00016362131620033843, Train Accuracy: 1.0, Test Loss: 0.563709631562233, Test Accuracy: 0.8363636363636363
Epoch [46/50], Train Loss: 0.00023921942738525104, Train Accuracy: 1.0, Test Loss: 0.5942460894584656, Test Accuracy: 0.8545454545454545
Epoch [47/50], Train Loss: 5.096413873876112e-05, Train Accuracy: 1.0, Test Loss: 0.6053536385297775, Test Accuracy: 0.8545454545454545
Epoch [48/50], Train Loss: 0.0011491058402108528, Train Accuracy: 1.0, Test Loss: 0.6678439676761627, Test Accuracy: 0.8727272727272727
Epoch [49/50], Train Loss: 5.721649774516534e-05, Train Accuracy: 1.0, Test Loss: 0.620737612247467, Test Accuracy: 0.8727272727272727
Epoch [50/50], Train Loss: 7.731975412233234e-05, Train Accuracy: 1.0, Test Loss: 0.6166509240865707, Test Accuracy: 0.8727272727272727

进程已结束,退出代码0
```

图13-5 深度学习方法结果展示

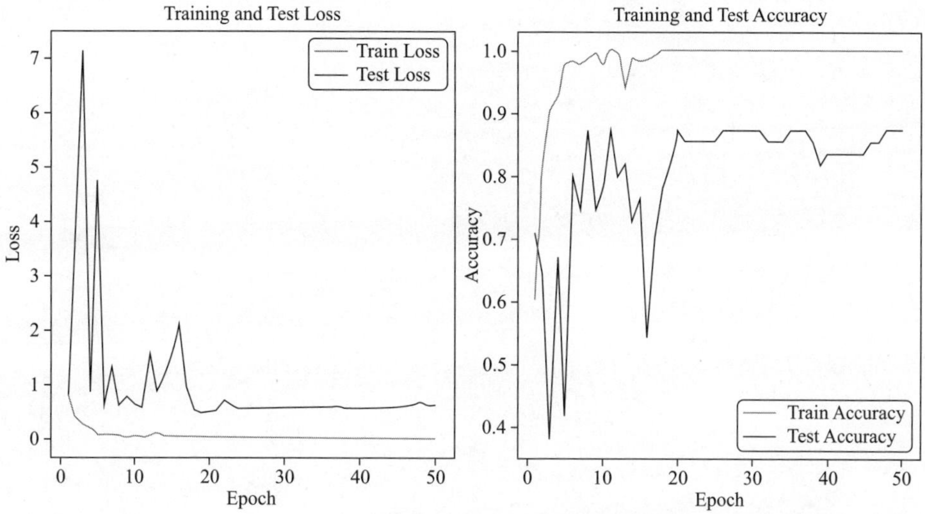

图13-6　深度学习方法的Loss曲线和精度曲线

13.4　小结

在本章中，我们深入探讨了基于图像处理和深度学习的食品包装缺陷识别技术。首先，介绍了食品包装缺陷识别技术的应用背景和基本原理，说明食品包装缺陷检测的重要性；随后，详细介绍了图像处理技术在食品包装缺陷检测中的应用，并以最常用的模板匹配方法为例，介绍了图像处理方法的技术步骤；接着，深入研究了深度学习在食品包装缺陷识别中的应用，以最常用的ResNet18卷积神经网络模型为例，阐述深度学习方法在食品包装缺陷识别领域的应用。通过与ChatGPT交流，获取图像处理和深度学习方法的代码，并调试以适应我们的数据集，确保代码能够稳定运行。本章为读者提供了在Python环境下进行食品包装缺陷识别的具体指南。通过两种方法，我们成功检测到缺陷，并通过结果的展示和分析验证了所采用方法的有效性。